U0172768

掌控Arduino
基于Tinkercad仿真

程 晨◎编著

开始Tinkercad在线仿真，快速验证Arduino项目创意

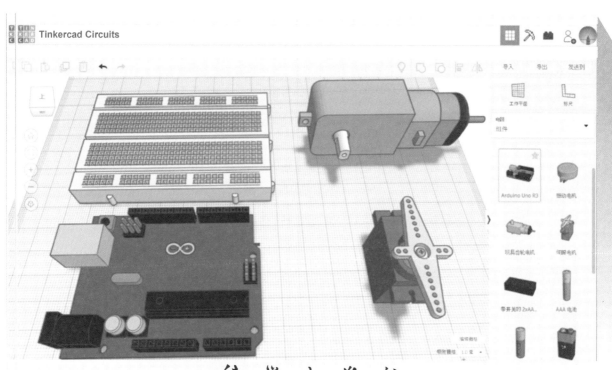

科学出版社

北 京

内 容 简 介

现在很多人都已经能够利用Arduino制作非常有创意的作品了，但是对于Arduino具体是如何工作的，并不是真正理解。如果我们利用Tinkercad提供的电子电路仿真功能，能较好地理解Arduino是如何运行的。Tinkercad并不是只能展示编程的效果，它的编程及模拟程序运行的功能是建立在能够模拟真实电路的情况下，本书就是通过仿真的形式来介绍Arduino的工作原理。

本书适合所有想学习Arduino，并想了解Arduino具体工作原理的人。

图书在版编目（CIP）数据

掌控Arduino：基于Tinkercad仿真/程晨编著.—北京：科学出版社，
2021.6

　ISBN　978-7-03-068890-3

　Ⅰ.掌…　Ⅱ.程…　Ⅲ.单片微型计算机–程序设计　Ⅳ.TP368.1

中国版本图书馆CIP数据核字（2021）第102169号

责任编辑：孙力维　杨　凯/责任制作：魏　谨
责任印制：师艳茹/封面设计：张　凌

北京东方科龙圆文有限公司 制作

http://www.okbook.com.cn

科 学 出 版 社 出版

北京东黄城根北街16号
邮政编码：100717
http://www.sciencep.com

三河市春园印刷有限公司 印刷

科学出版社发行各地新华书店经销

*

2021年6月第 一 版　　　开本：787×1092　1/16
2021年6月第一次印刷　　　印张：10 1/2
字数：210 000

定价：58.00元
（如有印装质量问题，我社负责调换）

前言

相比于2010年、2011年本人开始写国内第一本中文Arduino图书的时候，我想现在已经不用再单独介绍什么是Arduino了。经过这些年的培训和宣传活动，Arduino基本已经成为科技创新作品制作的必选硬件平台。每年本人在不同的科技创新比赛当中，都能见到大量用Arduino制作的作品。

对于Arduino的出现，之前的出版物中本人说到了它的偶然性。在本人的《Arduino开发实战指南》一书中有一段关于Arduino历史的介绍，其中第一句话就是"说到Arduino的起源似乎有点令人感觉无心插柳柳成荫"。其实Arduino的出现也有其必然性，本书就通过简单梳理电子科技、集成电路、微处理器的发展，说说它的必然性。

很多人在入门Arduino应用之后，已经能够制作很多有创意的作品了，但是对于Arduino具体是如何工作的，并不是真正理解。如果我们利用Tinkercad提供的电子电路仿真功能，能帮助我们理解Arduino是如何运行的。Tinkercad并不是只能展示编程的效果，它的编程及模拟程序运行的功能是建立在能够模拟真实电路的情况下，这也是本人编写本书的基础。

读者对象

本书是一本深入讲解Arduino工作原理的书籍，内容虽然较深，但由于有Tinkercad仿真功能的支持，所以一般的初学者理解起来是完全没有问题的，因此，本书适合所有想学习Arduino并想了解Arduino具体工作原理的人。

主要内容

本书对于Arduino基础应用的内容介绍得较快，但对于Arduino具体的工作原理则用了较大的篇幅来介绍，而帮助我们阐述Arduino工作原理的工具则是Tinkercad中的示波器组件。总体上本书的内容安排如下：

第1章介绍Tinkercad的基本内容。

第2章介绍Tinkercad中的万用表和示波器组件。

第3章介绍Arduino基础应用的部分。

第4章主要介绍Arduino中输出方波的形式。

第5章介绍方波的接收与处理。

第6章介绍基于方波形式的串行通信。

第7章介绍基于并行方波形式的液晶显示控制。

最后第8章是关于4×4小键盘的一些应用，而获取4×4小键盘状态的方式则是通过矩阵扫描。

本书的出版要感谢科学出版社的编辑，没有他们的辛苦工作，这本书不可能这么快与大家见面，另外还是要感谢现在正捧着这本书的您，感谢您肯花时间和精力阅读本书。由于水平有限，书中难免存在疏漏与错误，诚恳地希望您批评指正，您的意见和建议将是我巨大的财富。

目录

第1章 重新认识Tinkercad

第1章的标题之所以叫做"重新认识Tinkercad",是因为Tinkercad在大众普遍认知中是一款3D建模软件。而本书介绍的内容并不是用Tinkercad来创建三维模型,而是用它来仿真Arduino编程,这个领域可能大家了解比较少,所以需要"重新"认识一下它。

1.1 开源硬件的开创者Arduino

在开始正式的内容之前,先简单说一下Arduino。

相比于2010年、2011年本人开始写国内第一本中文Arduino图书的时候,我想现在已经不用再单独介绍什么是Arduino了(如果你还不太了解Arduino,建议先阅读本人之前出版的一系列Arduino图书)。经过这些年的培训和宣传活动,Arduino基本已经成为科技创新作品制作的必选硬件平台。每年本人在不同的科技创新比赛当中,都能见到大量用Arduino制作的作品。

对于Arduino的出现,之前的出版物中本人提到了它的偶然性。在本人的《Arduino开发实战指南》一书中有一段关于Arduino历史的介绍,其中第一句话就是"说到Arduino的起源似乎有点令人感觉无心插柳柳成荫"。其实Arduino的出现也有其必然性,本书就通过简单梳理电子科技、集成电路、微处理器的发展,说说它的必然性。

1.1.1 集成电路

这段科技史我们跳过电子管、晶体管的部分,直接从集成电路的出现开始。

1958年,美国德克萨斯仪器公司宣布一种集成的振荡器问世,首次把晶体管和电阻、电容等器件集成在一块硅片上,构成了一个基本完整的单芯片功能电路。1961年,美国仙童公司宣布制造出了一种集成的触发器。从此,集成电路获得了飞速发展。

数字集成电路从小规模、中规模到大规模,甚至是超大规模,集成度越来越高。与此同时，在模拟集成电路方面，设计师与生产商在一小片硅片上集成了许许多多的晶体管电路，硅片由塑料外壳封装，外部的金属引脚与芯片内部硅片上的细小引线相连。集成电路的发明开创了集电子器件与某些电子元件于一体的新局面，使传统电子器件的概念发生了变化，同时也让电子设备的体积和性能不断变化，使得过去的中小型计算机甚至是大型计算机得以小型化或微型化，而性能却在成倍地提高。

1946年2月14日诞生的世界上第一台电子计算机ENIAC占地170平方米，重达30吨，耗电功率约150千瓦，每秒只能进行5000次运算。而现在随随便便一部手机每秒都能运行几十亿次，且尺寸只有手掌大小。

摩尔定律

摩尔定律是Intel创始人之一戈登·摩尔（Gordon Moore）提出来的。其核心内容为：当价格不变时，集成电路上可容纳的元器件的数目，每隔18~24个月便会增加一倍，性能也将提升一倍。换言之，每一美元所能买到的电脑性能，将每隔18~24个月翻一倍以上。这一定律揭示了信息技术进步的速度。

1.1.2　微处理器

如果打开20世纪80、90年代的录音机、录像机或是CD机，你会发现里面的电路板都很大，有可能还不止一块，而且电路板上密密麻麻都是集成电路和电子元器件。相比而言，现在的电视盒、路由器等电子设备都很空，在一个不大的电路板上也只有两到三个较大的芯片和一些外围电子元件。这种变化一方面得益于集成电路加工工艺的发展，另一方面是由于设备功能的实现由硬件完成慢慢变成了由微处理器中的软件来进行。

微处理器也是集成电路的一种，它是一种能运行程序的集成电路。20世纪80年代中期，大多数电子产品都是由十分复杂且巧妙的逻辑电路构成，所以在制造这些电子产品的时候会使用大量的逻辑电路芯片（本书中也会介绍一些）。不过从20世纪70年代开始，就已经有芯片厂家开始通过在产品中嵌入微处理器来减少芯片的使用数量了，到了20世纪80年代，随着微处理器性能的提升和技术的完善，越来越多的工程师意识到如果在设备中使用微处理器，不仅可以提高设备的性能，而且能够降低制造成本，关键是还能减少开发成本和更新维护的费用。

在未使用微处理器之前，设备的开发需要非常专业的电子工程师才能完成，而且维护更新也需要熟练的工人进行；使用微处理器之后，设备的开发就被分成了硬件设计和微处理器编程两部分，硬件设计还是需要专业的工程师来实现，但微处理器编程部分则不需要专业的电子工程师，同时设备的维护和更新也可以让廉价的劳动力通过更换程序存储器件来解决（早期的芯片只能写一次程序，如果程序有问题则需要换一个芯片）。

第一款微处理器Intel 4004

Intel 4004微处理器是世界上第一款商用计算机微处理器。片内集成了2250个晶体管，晶体管之间的距离是10μm，能够处理4bit的数据，每秒运算6万次，运行频率为108kHz，成本不到100美元，1971年11月15日发布。英特尔公司首席执行官戈登·摩尔将4004称为"人类历史上最具革新性的产品之一"。

Intel最初的主业实际是存储器芯片，在4004诞生之前，由于受到日本半导体公司的冲击，Intel已经处于破产的边缘。这个时候，一家日本计算器公司Busicom找到了Intel，愿意花60000美元让Intel帮他们的Busicom 141-PF打印式计算器设计12个芯片，并且拿出了他们的设计图纸，一套6种极其复杂的芯片设计方案。

Intel工程师霍夫更改了芯片设计方案，只用4个芯片就实现了同样的功能。这四个芯片就是4001（动态内存DRAM）、4002（只读存储器ROM）、4003（寄存器芯片）以及4004，用这4个芯片就可以架构出一台微型计算机系统。不过由于制造工艺的问题，4004迟迟无法交货。当时的计算器市场有点像今天的手机市场，美国公司基本上退出了竞争，留下来的日本公司都在打价格战，在这种市场环境下，延迟交货对产品来说是非常致命的。于是当Intel完成4004芯片的设计和样品的生产时，Busicom公司要求Intel补偿，Intel同意了，退还了部分费用，但是附加了一个条件：允许Intel在除计算器芯片市场之外的其他市场上自由出售4004芯片（之前这个芯片的所有权归日本公司）。Busicom公司答应了，至此，Intel公司完成了从单一的存储器制造商向微处理器制造商的转型。

1.1.3　单片机

虽然微处理器的出现简化了电子产品的设计过程，但硬件设计依然比较复杂。这主要是因为要想让微处理器有效地实现各种功能，必须在其外围增加许多信号处理芯片以及其他辅助芯片，比如译码芯片、数据存储芯片、时钟芯片等。

到了20世纪90年代，由于硅处理与芯片制造技术的进步，厂家可以在一个芯片中集成更多的电路。以前需要多个外部芯片才能实现的功能，现在可以集成到一个芯片中完成，比如与其他芯片通信的串行端口、监测模拟信号的模数转换等。为了将这种芯片与微处理器进行区分，大家将这种芯片称为单片机，你也可以将其看成一种集成化的微控制器。

单片机的出现让更多的消费电子产品，包括儿童玩具开始使用芯片控制，让它们更加智能化，比如家里程序化控制的洗衣机，现在只需要选择对应的模式，洗衣机就会顺序开展浸泡、漂洗和甩干等工作，中间不需要人为干预；再比如家里的空调，会检测当前的室内温度，并与用户设定的温度值进行对比，在制冷模式下，当室内温度低于设定的温度时就会停止空调的制冷工作。

可以说单片机的出现让真实的物理世界和虚拟的电子信息世界联系在一起，为物联网时代的到来奠定了硬件基础。台式机或笔记本电脑的功能非常强大，可以同时处理很多事情，比如可以在处理文档的时候，同时播放音乐；可以在播放或编辑视频的时候，同时下载文件。但如果不借助其他包含单片机的电子设备，要让台式机或笔记本电脑与真实的世界联系并不容易。

1.1.4　开源硬件Arduino

单片机与台式机或笔记本电脑是两种不同的发展路线。单片机的应用场景通常比较简单，往往不需要太强的计算能力，但应用场景千变万化，而且对价格非常敏感。这就造成市面上单片机的种类越来越多，而每种单片机都有自己的一套开发环境和开发工具，学习任何一种单片机都需要先学会使用对应的开发环境和开发工具，同时针对所使用单片机的具体型号，还要熟悉其对应的数据手册。如果要学习另一种新的单片机类型，则要重复这个过程。

这其实给单片机的学习使用带来了一定的门槛，因为很多人即便知道自己要实现什么功能，但学习对应的开发环境和开发工具还是有一些难度的。尽管很多厂家都针对自己的单片机产品推出了简单易用的开发板，但所谓的简单易用也需要用户对电子技术、数字逻辑、接口地址、寄存器操作等内容有一定的了解。

Arduino从诞生之初就是针对完全零基础的使用者，这里的零基础只是说他们对于硬件知识零基础，但应该都有一定的编程素养，这些使用者是之前各个单片机生产厂家忽略的用户，事实上这个用户群体相当庞大，因为在计算机软件产业的发展过程中一直都在培养这样的人。这些用户需要一款相对"傻瓜"一些的标准化开发板，而Arduino提供了一个这样的产品，对于硬件工程师来说，这种标准化让Arduino在使用上少了一些选择，但这些选择对于零基础的使用者来说也许正是一种困扰。少了这些选择之后，使用者可以把注意力完全放在表现自己的想法和创意上。

属于开源硬件的Arduino，其标准化的开发板也是开源的。在标准化的硬件基础之上，Arduino通过网络社区的形式，汇集了大量用户的应用实例。由于Arduino基于知识共享的CC协议设计，所以这些实例的所有资料都是开源的，包括结构件、电路图、材料清单，以及控制代码等，任何人都能够使用和改进。参考这些实例，用户能够很快地完成自己的电子作品。可以说Arduino是开源硬件的开创者和推广者。

1.2 功能强大的Tinkercad

说完了Arduino，我们把目光拉回到本书的主角Tinkercad。

本人第一次使用Tinkercad是在2013年翻译《解析3D打印机：3D打印机的科学与艺术》（*Practical 3D Printers：The Science and Art of 3D Printing*）这本书的时候，当时书中介绍了这款基于WebGL的网络建模工具，我也动手试了试，界面非常简洁，使用起来也很方便，之后就一直留意着它的变化。

2017年，Tinkercad集成了Circuits编辑器的时候确实让我眼前一亮，不过由于时间问题，一直没有时间具体地用一用，在我的潜意识里也一直认为这个编辑器只是能用虚拟的方式展示编程的效果，就像一个可视化的程序解释器。不过当我在2019年使用它的图形化编程建模功能时（当时正在找一些JavaScript代码编程3D建模的内容），顺便又看了一下Circuits的功能，才发现自己对于Tinkercad Circuits的认识是完全错误的，当时就有了写这本书的想法。下面就跟着我"重新"认识一下Tinkercad吧。

1.2.1　Tinkercad简介

Tinkercad是美国著名的Autodesk公司目前主打教育领域的设计软件，其主要功能是三维建模设计，旨在让用户能够简单轻松地实现三维建模。不同于其他专业建模软件，Tinkercad不强调功能全面，而是更注重快速简单地搭建模型，通过组合各种不同的基本体，使用者可以快速构建出自己的模型。因此，Tinkercad非常适合三维建模的初学者。

围绕三维建模的功能，Tinkercad提供了很多开源硬件与机器人部件的模型，其中就包括Arduino控制板，如图1.1所示。使用者在建模界面中能够很方便地找到它们，并利用这些模型辅助自己快速完成模型设计或是验证自己的设计是否合适。比如想要设计一个舵机的支架，只需要选取舵机的模型，然后在自己的模型上相应地减去这个舵机模型就可以了。

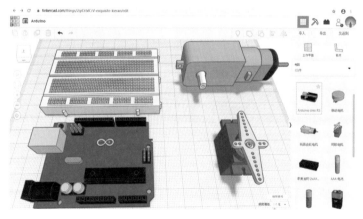

图1.1　Tinkercad中包含的部分开源硬件与机器人部件的模型

针对电子电路的连接问题，Tinkercad还提供了电子电路仿真功能（这也是本书的重点），这个功能可以模拟真实电路中电流电压的变化情况，帮助用户检查电路连接的正确性，另外用户还能对电路中的Arduino控制板进行编程并模拟程序运行，这一点就是本人之前理解有偏差的地方。Tinkercad并不是只能展示编程的效果，它的编程及模拟程序运行功能能够模拟真实电路的情况，如果利用好Tinkercad的这个功能，对于理解Arduino具体是如何运行的是非常有帮助的。

Tinkercad完全基于浏览器进行设计，使用者无须在电脑端安装任何软件，所有操作，包括项目的存储与分享都可以在网页端完成。

1.2.2 Tinkercad的发展历程

Tinkercad是由程序员、游戏开发人员Kai Backman和Miko Mononen在芬兰开发的基于浏览器的三维建模工具，其口号是"专注于几分钟内的设计"。网站于2011年11月获得了100万美元的种子融资，开始提供免费的三维建模服务。

2013年4月，Tinkercad创始人及CEO Kai Backman表示，由于资金问题，这个创立两年的服务将于2013年6月底关闭，不再提供新用户注册，并且宣布原用户将逐渐从免费转向收费。

接着在2013年5月，美国Autodesk公司宣布收购网页三维建模工具提供商Tinkercad，服务依然免费，并表示将把Tinkercad加入该公司的123D系列应用和服务中。Autodesk公司还计划在123D系列产品中整合Tinkercad的功能，简化该服务的使用。

Kai Backman对这次收购感到高兴。他表示："我们很高兴与Autodesk公司达成协议，这将给我们提供稳定的家，给Tinkercad带来光明的未来。Autodesk公司和我们有着同样的目标，即帮助学生、制造商和设计师获得方便易用的软件。而凭借Autodesk公司全球性的覆盖和设计推广的专业性，我们有信心向全世界新用户介绍Tinkercad"。

被Autodesk公司收购后，2015年8月，Tinkercad全球注册用户增长到100万。当时我个人认为Tinkercad最终会被整合到Autodesk公司的123D Design当中，没想到在2016年，Autodesk公司宣布从2016年底起，停止123D品牌的开发，理由是123D家族中产品太多，产品之间的交互变得过于复杂。对于原来123D Design的用户，推荐大家使用更易用的Tinkercad。

随后在2017年8月，Tinkercad集成了原来123D品牌中的电子电路仿真软件

Circuits，支持电子电路设计。并在2017年9月加入了Arduino Uno积木编程及模拟程序运行功能。

2018年6月，Tinkercad 4.0正式上线，支持用图形化编程方式建模。至此，基本确定了Tinkercad的功能布局。

1.3 创建账户

简单介绍了Arduino和Tinkercad之后，下面就正式开始本书的内容。

要使用Tinkercad的服务，首先需要有一个Autodesk账户。如果没有，可以点击Tinkercad网站（www.tinkercad.com）右上角的"立即加入"按钮（见图1.2），然后在弹出的对话框中选择"创建个人账户"，如图1.3所示。

填写一个有效的电子邮箱并设定密码之后账户就注册成功了（见图1.4）。

图1.2　Tinkercad网站首页

图1.3　选择创建个人账户

图1.4　填写邮箱及密码创建账户

之后回到Tinkercad网站首页用注册的账户登录，登录成功后如图1.5所示。

图1.5　登录账户

1.4　Tinkercad中的电路设计

登录之后默认是在三维建模设计的功能模块下，如果想使用Tinkercad中的电子电路设计功能，需要点击屏幕左侧的"Circuits"选项（就是用户头像下方的第二个选项）。

切换Circuits功能之后的界面如图1.6所示。

图1.6　切换Circuits功能之后的界面

这个界面的布局和图1.5的布局一样，右侧显示已经创建并保存的项目，由于本人没有电子电路设计的项目，所以右侧显示了一个"Try Circuits"的按钮。

1.4.1　Tinkercad电子电路设计界面介绍

点击"Try Circuits"按钮或是上方的"创建新电路"按钮都可以进入Tinkercad电子电路设计界面。不同的是，点击"Try Circuits"按钮进入的界面中会有一个非常简单、用电池点亮LED灯的电路，同时在左侧会有一个说明，引导你如何模拟电路运行；而点击"创建新电路"按钮进入的界面则是一个空项目，如图1.7所示。

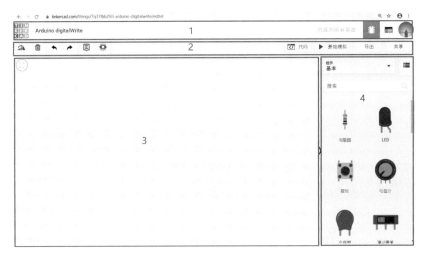

图1.7　空的电子电路设计界面

在这个界面的最上方（即区域1，浏览器地址栏下方）显示的是Tinkercad的logo、项目名称和用户的头像。点击项目名称可以按照自己的想法更改项目名称，大家可以把项目名称改为一个自己容易理解和记忆的名字。

区域2中左侧是6个图标形式的按钮，这6个按钮分为三组，从左往右依次为顺时针旋转所选零部件（零部件操作组）、删除所选零部件（零部件操作组）、返回到上一步（用户操作组）、重做上一个操作（用户操作组）、创建注释（注释操作组）和切换注释可见性（注释操作组）。

区域2右侧是4个文字形式的按钮，从左往右依次为代码、开始模拟、导出和共享。其中**代码**按钮用于显示项目中的代码（如果项目中包含可编程组件，比如Arduino，这个按钮在本书后面的内容中会经常用到）；**开始模拟**按钮用于模拟真实电路中的电流电压变化情况，以及可编程组件的程序运行情况；**导出**按钮可将项目导出为EAGLE格式，用于进一步的电路板布局工作；**共享**按钮可将项目分享给他人。

区域3为项目操作区，目前为空。区域4为零部件区或组件区，其中显示了我们可以使用的电子零部件，这个区域是可以隐藏的，通过点击这个区域左侧中间的箭头能够将整个区域向右推出屏幕。这个区域的左上角有一个下拉菜单，点击这个下拉菜单后如图1.8所示。

Tinkercad将组件分为"**基本**"和"**全部**"两类。"**基本**"是一些常用的电子元器件；"**全部**"是Tinkercad中包含的所有电子元器件。通常建议选择"**全部**"。

在"**基本**"和"**全部**"下方写的是"**起动器**"，本人认为写成"示例"比较好，因为其中都是一些已经完成的项目，这些项目能够帮助使用者快速搭建自己的项目，用户通过这些示例也能快速熟悉Tinkercad电子电路设计的功能。

"**起动器**"中又分为**基本**、**Arduino**、**电路部件**和**全部**。**基本**和**电路部件**都是一些基本的电子电路，比如用电池点亮LED或是用电池驱动电机转动等；**Arduino**是与Arduino相关的带编程功能的电子电路。

在下拉菜单的右侧是一个组件显示方式的选择按钮，通过它我们可以设定组件的显示方式是**列表**还是**图示**，进入界面后默认的是**图示**显示方式。

点击选择按钮则会进入**列表**显示方式，如图1.9所示。两种方式的图标是不一样的。在**图示**显示方式下只会显示组件的图标和名称。而**列表**显示方式则是在左侧显示组件的图标，右侧显示组件的名称和简介。

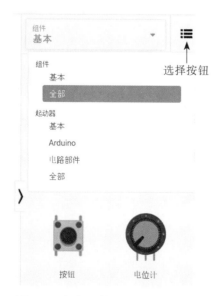

图1.8　点击组件区的下拉菜单

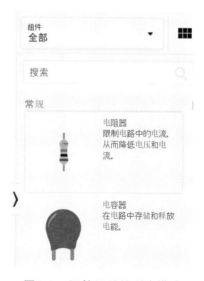

图1.9　组件显示的列表模式

另外在区域4中还有一个搜索框，其位置就在下拉菜单和组件的中间。在这里输入要找的组件名称可以直接找到相应的组件。

1.4.2　丰富的社区学习资源

Tinkercad的社区学习资源非常丰富，图1.6的右上角就有**库**、**博客**、**学习**等选项，上一节在Tinkercad电子电路设计界面的区域2中我们也看到了**共享按钮**。**库和博客**中基本都是其他用户共享的个人项目，这些项目都是基于知识共享的CC协议开源的，难度上有难有易，是非常好的学习参考。多看看其他人的项目对自己的能力也是一个提升。

而在**学习**中，是Tinkercad整理过的内容，这些内容按照难易程度排列，分为**入门**、**课程**和**项目**，如图1.10所示。

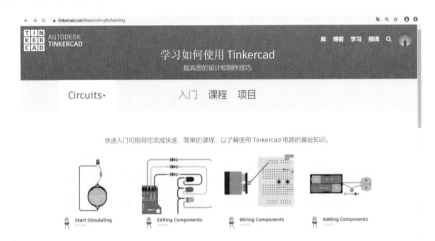

图1.10　Tinkercad的社区学习资源

学习这些内容，不但能够帮助我们更好地应用Tinkercad的电子电路设计与仿真功能，同时还能教会我们相应的电子学知识。

第2章　万用表和示波器

2019年在尝试Tinkercad的Circuits功能时，真正让我决定写这本书的原因是我在组件里看到了示波器这个功能。由于Tinkercad的Circuits是模拟真实电路中电流电压的变化情况，有了示波器功能就能将这些变化显示出来。

本人一直希望在Arduino的书中通过万用表和示波器来讲解一些电子学或硬件电路方面的知识，因为只有大致了解这些内容，从一个没有硬件基础的人变成一个熟练使用Arduino的电子爱好者的过程才会比较平稳，在制作电子作品时遇到问题才能尝试用具体的步骤和方法来解决。关于万用表的使用，本人在2013年出版的《Arduino电子设计实战指南：零基础篇》一书中已经有所涉及，但对于示波器的使用一直没有一个比较成熟的想法，因为示波器不像万用表使用起来那么简单，每次测量都要经过一定的设置才能捕获到想要的信号。这样的一个过程如果只是简单地通过书本描述好像很难说清楚。直到我使用了Tinkercad电子电路设计中的示波器，当时就觉得这就是我想要的东西。

由于有了万用表和示波器，所以本书的内容就更加注重Arduino输入输出信号的展示，相应的编程基础知识就稍微少一些，大家可以将本书看成2013年出版的《Arduino电子设计实战指南：零基础篇》的进阶版。本书的内容更深入，同时也少了一些电子学的基础知识，比如电路、电流、电压、电阻、半导体的概念，以及电子学的发展历史等。考虑到很多读者可能没看过前面那本书，所以在章节安排上会将基础知识通过几个项目快速梳理一遍，然后再深入展开后面的内容。

2.1　万用表的使用

在Tinkercad中不但有示波器组件还有万用表组件，而且万用表就在基本组件当中。也可以说既然有示波器组件，那么一定少不了万用表组件，因为在电子电路设计中，万用表是必备的工具，是比示波器应用更广的仪表。下面我们就来看看在Tinkercad中如何使用万用表，顺便通过万用表的使用熟悉一下Tinkercad中的电子电路设计与仿真功能。

2.1.1　什么是万用表?

　　万用表又叫做多用表、三用表或复用表,生活中的万用表分为指针式和数字式两种。目前市面上大部分都是数字式万用表。万用表是一种多功能、多量程的测量仪表,可测量直流电流、直流电压、交流电流、交流电压、电阻和音频电平等,有的万用表还可以测电容量、电感量以及半导体的一些参数。Tinkercad中的万用表组件没有这些额外的功能,只能测量直流电流、直流电压、交流电流、交流电压和电阻。

　　理想的测量仪表在测量时对电路不会产生任何影响,理论上来说,测量电压时仪表的电阻应为无穷大,这样在测量电路任意两点之间的电压时,就不会有电流从仪表中流过;测量电流时仪表的电阻应趋近于零,这样串联在电路中的仪表就不会产生分压;测量电阻时仪表应不产生额外的电阻。不过实际中的仪表都存在测量误差,因为仪表在测量数据时,都需要从电路中获取采样电流。一般的仪表在测量电压时电阻为几百兆欧,测量电流时有不到 $1\,\Omega$ 的输入电阻,测量电阻时内阻为零点几欧。

　　虽然现实中的万用表无法达到理想状态,但软件中的万用表却是按照理想状态设计的。

2.1.2　用万用表测量电阻

　　现实中的万用表不管测量电压、电流还是电阻,每种情况都有多个挡位可选,而在软件中只需要选择功能就可以了。要使用万用表,首先将鼠标移到组件区的万用表组件上,点击鼠标左键,将鼠标移动到项目操作区,此时就有一个万用表跟着你的鼠标指针移动。选择好合适的位置后,再次点击鼠标左键,一个万用表就放在了项目操作区,如图2.1所示。

　　此时的万用表处于选中状态,所以在组件周围有一圈蓝色的外框线。和万用表同时出现的,还有一个蓝色的参数设定表。万用表组件有两个参数:一个是名称,一个是模式,如图2.1所示。此处名称为1,而模式参数有一个下拉列表可选,因为我们现在要测量电阻,所以选择电阻,选择完成后如图2.2所示。

　　注意看图2.1和图2.2中的万用表组件有什么不同。软件中的万用表组件,中间的灰色矩形区域为数字显示区,开始模拟之后,这个区域会显示对应的测

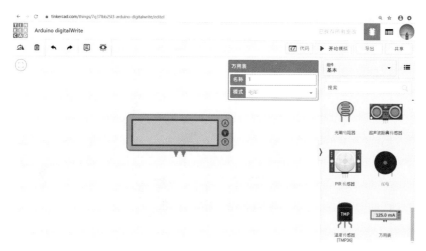

图2.1 在项目操作区放置一个万用表

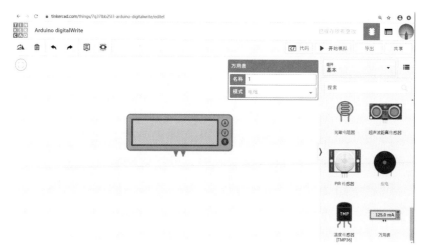

图2.2 将万用表的模式设置为电阻

量数值。在这个矩形区域的右边有三个圆圈，圆圈内分别写着字母A、V和R，万用表就是通过这三个圆圈来表示当前的模式的，A代表测量电流，V代表测量电压，R代表测量电阻。图2.1中，当我们刚把万用表放在项目操作区时，万用表默认模式为测量电压，所以此时标着V的圆圈是黑色，而在图2.2中，当我们将万用表的模式调整为测量电阻时，标着R的圆圈变成了黑色。

设置好万用表的模式之后，点击项目操作区的其他区域，蓝色的万用表参数设定表就会消失，同时万用表组件周围的蓝色外框线也会消失。接下来我们需要在项目操作区放置一个电阻，这里放一个固定电阻好像没什么意义，因为固定电阻组件的阻值都是通过蓝色的参数设定表输入的，而软件中万用表是理想状态下的仪表，所以再利用万用表测量就好像我们直接把参数设定在了万用

15

表上一样。因此，这里我们选择放置一个电阻能够变化的组件——电位计，如图2.3所示。

图2.3　在项目操作区添加一个电位计

电位计是一种阻值在一定范围内可调的电阻，相比固定电阻只有两个引脚，该元件会多一个引脚，现实中该引脚连接到电阻内部，通过电位计上的旋钮可以改变引脚在电阻中的位置，使得阻值可变。而电位计剩下的两个引脚间的阻值是固定的，也就是电阻的可调范围。可以理解为中间引脚把一个电阻分成了两段，两段电阻通过调节旋钮都是可变的，但两段电阻的阻值加起来是固定的，等于电阻的可调范围。

放置了一个电位计组件之后，同样会出现一个蓝色的参数设定表。电位计组件也有两个参数：一个是名称，一个是最大的可调阻值。可调阻值中有两个框，一个框中填数值，一个框中通过下拉菜单选择阻值的单位。默认情况下，最大的可调阻值是250kΩ，这里我们不做更改。

放置好电位计之后就需要连线了。图2.3中我们能看到没有蓝色外框线的万用表，下面的两个连接点分为一红一黑，这两个连接点相当于现实万用表的红色测试表笔和黑色测试表笔。通常红色连接点和黑色连接点之间是正向电压，由于电阻测量是不分正负的，所以只需要将万用表的两个连接点连接到电位计的两个连接点即可，电位计中间的连接点必须连接，而两边的连接点任意连接一个。这里将万用表的红色连接点连到电位计的中间，先将鼠标移动到万用表的红色连接点，点击鼠标之后就会在红色连接点和鼠标光标之间出现一条线，然后将鼠标移动到电位计中间的引脚，再次点击鼠标，就会将万用表的红色连接点和电位计中间的引脚连在一起，如图2.4所示。

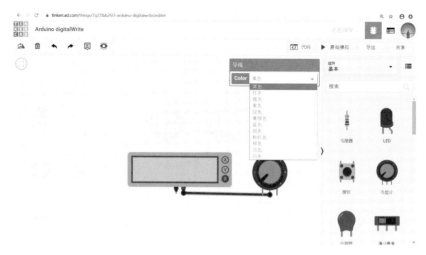

图2.4 连接万用表和电位计

连接了两个连接点之后，同样会出现一个蓝色的参数设定表。导线的参数只有一个，即导线的颜色，这是一个下拉菜单，其中有12种颜色可选。选择导线的颜色没有实质上的意义，主要是为了能够直观地区分导线的作用，一般在电子电路中，红色表示+5V电源，黑色表示地，黄色表示9V或12V电源。这里我们将这条导线的颜色选为橙色。

如果希望在界面中弯曲导线，可以在导线中间双击鼠标，这样就会在导线中创建一个节点，如图2.5所示。

图2.5 在导线中创建节点

　　然后用鼠标按住这个增加的节点拖拽就能使导线弯曲，移动鼠标时还会出现一些辅助线，如图2.6所示。

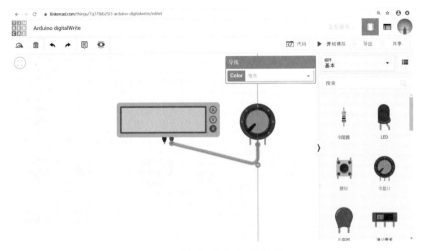

图2.6　按住节点弯曲导线

　　按照同样的方式再把导线左侧弯曲一下，接着再把万用表的黑色连接点与电位计右侧的引脚连在一起，完成后如图2.7所示。

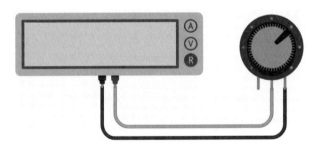

图2.7　将万用表和电位计连接好

　　此时点击区域2中的**开始模拟**按钮，则万用表中的数字显示区域就会显示测量的电阻值。在模拟过程中，界面中电位计上的旋钮是可以调整的。用鼠标点中旋钮并沿着电位计边缘转动就能够调整电阻大小，对应的阻值会直接显示在万用表上。

　　目前这种连接情况，旋钮旋转到最左边，即电位计左下角的位置时阻值最大；旋转到最右边时阻值最小，为0。如果我们连接的是电位计左边的两个连接点，则情况刚好相反，旋钮旋转到最左边时阻值为0；旋转到最右边时阻值最大。

2.1.3 用万用表测量电压

要用万用表测量电压，首先要将万用表的模式设置为测量电压。然后将红色连接点连到被测电源的正极，黑色连接点连到被测电源的负极或地，这时万用表上就显示出测量的电压值。如果连接点接反，则显示的电压值是负的。

软件的组件区还有柠檬电池和土豆电池，这里可以分别测量一下两者能够产生多少电压，如图2.8所示。

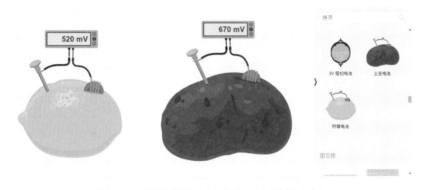

图2.8 测量柠檬电池和土豆电池的电压

2.1.4 用万用表测量电流

用万用表测量电流，需要将万用表串联到一个闭合的电路中。可以理解为将一个闭合电路断开，在断开的位置会产生两个连接点，相应地将万用表接入即可。当然前提条件是万用表要切换到测量电流的模式，即安培模式。电流也是有正负的，如果万用表的两个连接点接反，则显示的电流值就是负的。

2.2 欧姆定律

1826年，乔治·西蒙·欧姆发现流过物体的电流与加在其上的电压呈线性关系，他定义电阻的值等于施加的电压与产生的电流之比，公式如下：

$$R = \frac{V}{I}$$

这个公式被称为欧姆定律。其中R为电阻，V为电压，I为电流。电阻的单位是欧姆，符号为Ω，1Ω是指施加1V的电压，流过1A电流时的电阻，即

$$1\Omega = \frac{1V}{1A}$$

欧姆定律不是一个真正的定律，确切地说它应该是关于物体性质的实验表述，它不涉及微观原理，只考虑宏观效应。事实上，有一些物质不符合欧姆定律，欧姆定律只适用于欧姆材料，即在所承受的电压范围内，材料的电阻是一个常数。

2.2.1　串联电路

电路可分为串联电路、并联电路，或是串并联结合的电路。实际电路很多都属于串并联结合的电路。

串联电路就是在一个闭合的电路中，所有元器件都用导线首尾连接在一起，比如图2.9就是由两个10kΩ的电阻和一个9V的电池组成的串联电路。这个电路中我们还串联了一个万用表来测量电流，在串联电路中，流经每个元件的电流都是相同的。

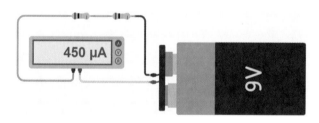

图2.9　串联电路

放置电路中的电阻时用到了区域2的**顺时针旋转所选零部件**按钮，而电阻的阻值设定则在其蓝色参数设定表中完成。这个电路中测得的电流大小为450μA，则整个电路的电阻大小为

$R_{总}$ = 9V/450μA = 20kΩ

这个值等于两个电阻的阻值之和，在串联电路中，每个电阻上的电压等于该电阻的阻值乘以电流，所以阻值越大，分得的电压就越多，阻值小分得的电压就少。在这个电路中，每个电阻分得的电压都是4.5V，如图2.10所示。

电阻串联分压的特点应用在很多的电子电路中。当然在实际情况中每个电阻的大小都有误差，所以分得的电压也会有误差。软件界面中的电阻是理想状态下的电阻。

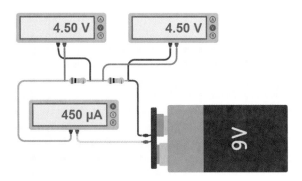

图2.10 串联分压

2.2.2 并联电路

当两个或多个电阻并联时，每个电阻上的电压都是相等的，可以理解为同样的电压施加在各个电阻的两端，则每个电阻上的电流等于电压除以电阻，而总电流等于各个分电流之和，如图2.11所示。所以并联电路中每增加一个电阻，电路中的电流就会增加一些。

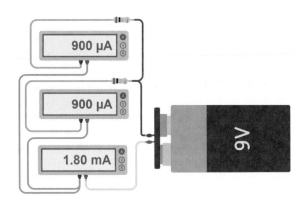

图2.11 并联电路

假设图2.11中上面的电阻为R_1，下面的电阻为R_2。由于两个电阻大小相同，所以流经它们的电流都是

$$I = V/R = 9V/10k\Omega = 900\mu A$$

而总电流等于两个电流之和，为1.8mA，即

$$I = \frac{V}{R_1} + \frac{V}{R_2}$$

同理，当并联更多的电阻时，那么总电流就是

$$I = \frac{V}{R_1} + \frac{V}{R_2} + \frac{V}{R_3} + \cdots + \frac{V}{R_n}$$

式中，R_n表示第n个电阻的阻值。如果将这些并联的电阻看成一个整体，那么这个整体应该有一个等效的阻值$R_总$，由欧姆定律及总电流I就能够得到$R_总$的值：

$$R_总 = \frac{V}{I}$$

由以上两个公式能得到下面的公式

$$I = \frac{V}{R_总} = \frac{V}{R_1} + \frac{V}{R_2} + \frac{V}{R_3} + \cdots + \frac{V}{R_n}$$

约掉两边的V，则等效电阻$R_总$与各个电阻的关系为

$$\frac{1}{R_总} = \frac{1}{R_1} + \frac{1}{R_2} + \frac{1}{R_3} + \cdots + \frac{1}{R_n}$$

由上述公式可知，并联电路的总电阻值要小于并联电阻中的最小电阻，对于只有两个电阻并联的情况，则计算公式简化为

$$R_总 = \frac{R_1 \times R_2}{R_1 + R_2}$$

2.3　示波器的使用

使用数字万用表只能看到电路中静态的数据信息，即便它能测量交流电压和交流电流，也只能显示对应的有效值。如果使用的是指针式万用表，那么通过指针的摆动能够在一定频率范围内捕获一点电流或电压的瞬间变化，但是无法量化这种变化。而使用示波器的好处就是能够量化显示电路中电压的动态变化。

2.3.1　什么是示波器？

示波器是一种用来测量交流电或脉冲电流波形的仪器，其外观看上去就是一个较大的液晶屏加上一堆用于设置和调节的旋钮和按钮，如图2.12所示。

示波器能把肉眼看不见的电信号变换成看得见的图像，便于人们研究各种电信号的变化过程。利用示波器能观察各种不同信号幅度随时间变化的波形

曲线，还可以用它测试各种不同的电量，如电压、电流、频率、相位差、调幅度，等等。

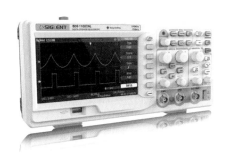

图2.12 现实中的示波器

2.3.2 示波器的分类

示波器可以分为模拟示波器和数字示波器，对于大多数的电信号测量工作，模拟示波器和数字示波器都是可以胜任的，但对于一些特定需求的应用场景，通常会选用具有对应功能的示波器，比如数字示波器就具有多种触发和超前触发的能力，能对捕获的波形参数数据，进行加、减、乘、除、求平均值、求平方根值、求均方根值等运算，有些更高端的数字示波器还具有协议解析的功能。目前市面上大部分都是数字示波器。

模拟示波器采用的是模拟电路，其工作方式是直接测量信号电压，然后通过电子枪从左到右地向屏幕发射电子，发射的电子经聚焦形成电子束，打到屏幕上，屏幕内表面涂有荧光物质，电子束打中的点就会发出光，最终绘制出电压的变化曲线。

数字示波器的工作方式是通过模拟数字转换器（ADC）把被测电压转换为数字信息，数字示波器捕获的是波形的一系列样值，并对样值进行存储，然后，数字示波器会重构波形并将其显示在液晶屏幕上。

2.3.3 软件中的示波器

现实中的示波器是一个较大的液晶屏加上一堆用于设置和调节的旋钮和按钮，而软件中的示波器功能和设置都比较简单（应该说非常简单，相当于一个带时间轴的电压表），设置工作都是在蓝色的参数设定表中完成，而且软件中的示

图2.13　软件中示波器的界面

波器是单通道的（就是只能测量一个电压值，现实中的数字示波器基本都是多通道的），所以其界面就是一个带有坐标轴的显示区，如图2.13所示。

示波器显示区中的水平轴为时间轴，竖直轴为电压轴。电压轴的中间为0 V电压。当**开始模拟**时，示波器上就会显示出随时间变化的电压值曲线。

在示波器的下面有两个连接点。和万用表一样，这两个连接点也是一红一黑，在使用时也是红色连接点连接被测电压信号的正极，黑色连接点连接被测电压信号的负极或地。如果连接点接反，则显示的曲线就会反向。

2.3.4　函数生成器

讲到示波器就不得不说函数生成器（这个名字是Tinkercad中的名字，现实中常被叫做函数信号发生器或函数发生器）。这是一种电信号的产生装置，与电池或直流电源能产生稳定的电压输出不同，函数生成器能够产生某些特定的周期性电压波形（正弦波、方波、三角波、锯齿波等）信号，频率范围从几微赫到几十兆赫。除了在通信、仪表和自动控制系统用于测试外，函数生成器还广泛用于其他非电测量领域。

软件中函数生成器的界面如图2.14所示。

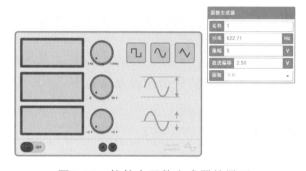

图2.14　软件中函数生成器的界面

同样这也是一个简版的函数生成器，它只能输出方波、正弦波和三角波，频率范围从1Hz到1MHz，振幅范围从0到10V，直流偏移在-5V到5V。这些设置在开始模拟之前可以通过蓝色的参数设定表来完成，见图2.14的右上角，在开始模拟之后不但可以通过参数设定表来设置，还可以通过界面上的旋钮和按钮来调整。图2.14界面左侧三个带黑框的灰色矩形区域是参数显示区；中间竖排的三个旋钮分别可以调整频率、振幅和直流偏移；右上角的三个按钮可以调整函数生成器产生的波形，从左到右分别对应方波、正弦波和三角波；右侧中下方是两个图示，表示振幅和直流偏移，分别对应中间区域中下方的两个旋钮；界面最下面是开关和连接点。

如果我们要输出一个频率为50Hz、振幅为5V、直流偏移为0V的三角波，则可以先在蓝色的参数设定表进行设置。设置完之后仪表界面上的旋钮和按钮也会相应改变，如果此时点击**开始模拟**，则仪表的连接点中就会输出相应的波形，不过我们看不到这个电压的波形，就好像我们无法看到家中50Hz的交流电一样。

如果想看到电压的变化曲线就要借助于示波器，在项目操作区选取一个示波器组件和一个函数生成器组件（组件区要选择全部组件），组件连接很简单，将两者的连接点连在一起即可，红色接红色，黑色接黑色，如图2.15所示。

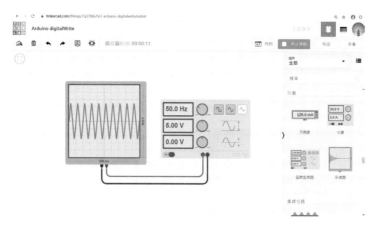

图2.15 用示波器显示函数生成器的输出信号

图2.15右侧能看到，在Tinkercad中万用表、电源、函数生成器以及示波器都属于组件中的仪表。此时电路已经开始模拟了，在开始模拟之前，还需要对示波器组件进行设置，示波器组件的参数除了名称外只有一个，即采样频率，在Tinkercad中叫做**每次分割的时间**。这个参数表示在示波器中时间轴方向每一格间隔的时间。使用示波器时，为了更好地展示电压波形，我们需要在电压变化时有足够多的采样点。当前我们设置函数生成器的频率为50Hz，即1s产生

50个三角波，20ms产生一个波形，如果在一格中就展示一个三角波，则示波器的**每次分割的时间**可以设置为20ms。图2.15中示波器的**每次分割的时间**参数设置的就是20ms。此时调整函数生成器的参数，就能够在示波器中看到相应的电压变化，如果希望在一个波形中有足够的采样点，那就需要缩小**每次分割的时间**。

2.3.5　全桥整流电路

在介绍了以上这些仪表之后，这一节我们来讲一个电路设计中常用的电路——全桥整流电路。

整流电路是把交流电转换为直流电的电路。该电路的作用是将电压较低的交流电（图2.15中函数生成器输出的就是低压交流电，高压交流电需要通过降压电路降压输出）转换成单向脉动性直流电，整流电路主要由整流二极管组成。经过整流电路之后的电压已经不是交流电压，而是一种含有直流电压和交流电压的混合电压，习惯上称为单向脉动性直流电压。

电源电路中的整流电路主要有半波整流电路、全波整流电路和全桥整流电路三种。由于全波整流电路要求电源变压器的次级线圈设有中心抽头，所以这里不讨论。在剩下的两种整流电路中，半波整流电路比较好理解，就是将一个单向导电的整流二极管加在电源输出的正极，如果修改图2.15中的电路，在函数生成器的输出端加上整流二极管即可，如图2.16所示。

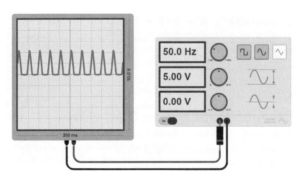

图2.16　半波整流电路

半波整流电路会直接去掉交流电的半个周期，在图2.16的示波器中我们看到只有0V以上的部分，所以这种单向脉动性直流电的频率不会变，这里依然是50Hz。

　　而全桥整流电路不会直接去掉半个周期，而是将半个周期转换极性。全桥整流电路要用到4个整流二极管，连接关系如图2.17所示。

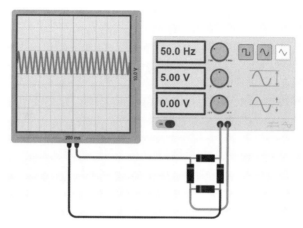

图2.17　全桥整流电路

　　注意观察图2.16和图2.17的波形差异。由于全桥整流电路是将半个周期转换极性，所以输出的单向脉动性直流电频率就会加倍，这里是100Hz。频率的提高有利于整流电路之后的滤波电路进行滤波（滤波电路本书就不介绍了）。

　　在半波整流电路中，当整流二极管截止时，交流电压峰值会全部加到整流二极管两端（全波整流电路也是这样）。所以对这两种整流电路，要求电路的整流二极管具有较高的承受反向峰值电压的能力；而在全桥整流电路中，是两只二极管导通，另外两只二极管截止（图2.17中，要么是上下两个二极管导通，要么是左右两个二极管导通），它们串联起来承受正向峰值电压，在每只二极管两端只有正向峰值电压的一半，所以对这一电路中整流二极管承受反向峰值电压的能力要求较低。

　　另外，比较图2.15、图2.16和图2.17，会发现波形的峰值是逐渐减小的，这是因为二极管加上正向电压时，需要大于最小电压才能导通，通常这个值是0.5V左右，所以经过二极管后电压会有0.5V的压降。半波整流电路经过了一个二极管，而在全桥整流电路中，会经过两个二极管。

说　明

　　以上模拟的是三角波的情况，大家可以试试方波和正弦波。如果是方波，则经过全桥整流电路整流后能得到一个稳定的直流电压。

第3章　Arduino基本输入输出

在《Arduino电子设计实战指南：零基础篇》一书中，我对于Arduino的基础学习有一个提法，叫"两仪四象学电子"。这是因为在电子世界中，我认为只有两种信号：数字信号和模拟信号，而Arduino要处理的也就是这两种信号，外围所使用的各种传感器、驱动部件也都可以归纳为这两种信号。而每种信号又分成输入和输出两种处理形式，所以最基础的就是四种情况：数字信号的输入、数字信号的输出、模拟信号的输入、模拟信号的输出。本章我们就通过两个例子在Tinkercad的电子电路设计功能中熟悉一下Arduino的基本输入输出。

3.1　基本电信号

电信号是指随着时间变化的电压或电流。由于非电的物理量可以通过各种传感器较容易地转换成电信号，而电信号又容易传送和控制，所以目前电信号已经成为应用最广的信号。电子电路中的信号均为电信号，具体又分为模拟信号和数字信号。另外，生物体中神经元间传递的也是电信号，只是这种信号非常微弱。

3.1.1　模拟信号

模拟信号充斥着我们的周围，说话的声音、收听的广播、温度的变化、光照的强度、花朵的颜色、食物的味道等都属于模拟信号。从数学角度来说，模拟信号是一种连续变化的物理信息，其信号的幅度、频率或相位随时间连续变化，或是在一段连续的时间间隔内，其代表信息的特征量可以在任意瞬间呈现为任意数值的信号。模拟信号能帮助我们更好地理解周围环境的信息，任何信息都可以用模拟信号来准确表达。

模拟信号最大的缺点是信号被多次复制或进行长距离传输之后，会发生衰减，比如我们说话的声音随着距离越来越远会变得越来越小，衰减后的信号很容易受到噪声的影响，而且被噪声影响后的模拟信号几乎不可能再次被还原，因为对所需信号的放大会同样放大噪声信号。

3.1.2 数字信号

相对于连续变化的模拟信号，数字信号只有两种状态，通常用二进制的1和0来表示，在电子电路中表现为高电平（控制板中通常为+5V或+3.3V）或低电平（GND）。当然在实际情况下，高电平和低电平都是一个区间，比如高电平并不是稳定的+5V，而是在一个小的范围内波动，但在控制板中将这些信号都按照1来处理。从数学角度来说，数字信号幅度的取值是离散的，幅值被限制在有限数值之内（通常是2个）。

从表面上看数字信号只有两种状态，好像信息量很小，但由于数字信号受噪声影响小，易于传输、处理和存储，所以得到了广泛应用，通过大量0和1的序列组合，能够表达很多信息。

阴阳八卦

　　　　阴阳是另一种数字信号的表示方式。八卦就是一套用三组阴阳组成的符号，用"—"代表阳，用"--"代表阴，用这两种符号，按照大自然的阴阳变化平行组合，组成八种不同形式，具体为乾（☰）、震（☳）、坎（☵）、艮（☶）、坤（☷）、巽（☴）、离（☲）、兑（☱）。卦序是：一乾、二兑、三离、四震、五巽、六坎、七艮、八坤。八卦其实是最早的文字表述符号。八卦互相搭配又变成六十四卦。

3.1.3 分辨率

现在所有计算机和微处理器的核心都只能处理数字信号，Arduino也一样，模拟信号在这样的一个数字信号的世界里变形为一种跳变的形式，如图3.1所示。这样的信号不是连续的，不同时间点上的信号值被划分到临近的跳变值上，因此实际中的真实值不能在曲线中完全体现，数字信号与真实值存在一定的偏差。数字示波器中展示的波形其实也是这样的。

由图3.1能够看出，两个跳变值间的差距越小，数字信号与真实值之间的偏差也就越小，变化后的曲线就越接近原始曲线。这个差距的倒数被称为分辨率，所以分辨率越大，数字信号就越接近模拟信号，模拟信号可以看成其分辨率为无穷大，由于不存在跳变引起的误差，它可以对自然界物理量的真实值进行尽可能逼近的描述。

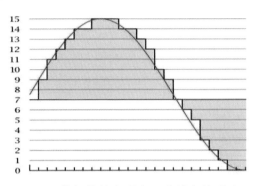

图3.1　模拟信号变形为一种跳变的形式

理论上模拟信号的分辨率趋近无穷大，不过模拟信号的分辨率常常会受到噪声的限制。因此，在实际情况中模拟信号并不一定比数字信号更精确。

3.2　数字量输入、输出

在了解了模拟信号和数字信号的具体定义之后，下面我们通过一个二进制计数器的例子介绍Arduino是如何处理数字信号的输入和输出的。

在Arduino当中，实现数字信号输出的函数为digitalWrite()，实现数字信号输入的函数为digitalRead()。

3.2.1　二进制计时器

二进制计数器的功能是通过一个按钮记录使用者按下按钮的次数，并通过多个LED灯将这个次数展示出来。因此我们需要的组件包括Arduino主控板、按钮、LED灯以及串联在LED灯上的电阻。完成二进制计数器的功能之前，可以忽略按钮，先实现一个二进制计时器的功能。

这个例子中我们只用4个LED，实现0~9的数值显示（实际可以显示0~15的数值）。目前需要的组件数量为：

· Arduino主控板，1块

· LED灯，4个（颜色随意）

· 100 Ω 电阻，3个

· 小型面包板，1块

先将这些组件放在项目操作区，如图3.2所示。

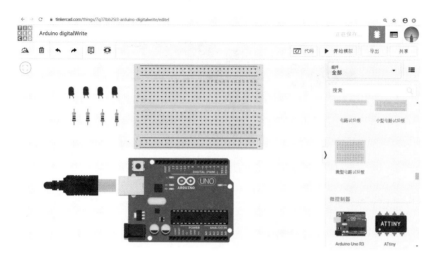

图3.2 在组件区选取需要的组件

理论上在仿真环境下直接把电阻和LED连到Arduino上也是可以的，这里添加一个小型面包板是为了让项目更加贴近实际情况。面包板上有很多小插孔，其中中间区域竖着的5个插孔是连通的，比如a1、b1、c1、d1和e1这5个孔是连通的，而f1、g1、h1、i1和j1这5个孔是连通的。面包板中间有一条凹槽，这是针对需要集成电路和芯片的电子电路而设计的，本项目也会用到这个地方。面包板上下两侧边缘的4排插孔则是横向连通的，这四排插孔一般用于给板上的元件提供电源，红色的标识为"＋"，一般表示电源正，蓝色的标识为"－"，一般表示电源地。

Arduino的20个I/O口（14个数字I/O和6个模拟I/O）均可输入/输出数字信号，这里我们使用10、11、12、13四个引脚，硬件连接如图3.3所示。连接时注意LED是分正负的，LED两个引脚中，稍微弯曲的引脚为LED的正极。

硬件连接完成之后，此时如果点击**开始模拟**按钮，则会看到左侧的USB插头插入Arduino，同时最左侧的LED灯开始闪烁。这是因为从组件区中拖拽出来的Arduino默认包含blink程序，而最左侧的LED是连接到引脚13的。

由于项目中使用了Arduino，所以现在可以打开代码编辑器。点击区域2中的**代码**按钮就会在右侧出现代码编辑器界面，如图3.4所示。

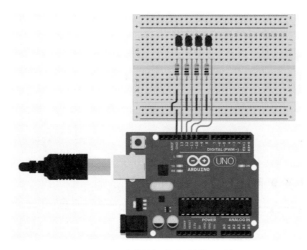

图3.3　二进制计时器硬件连接图

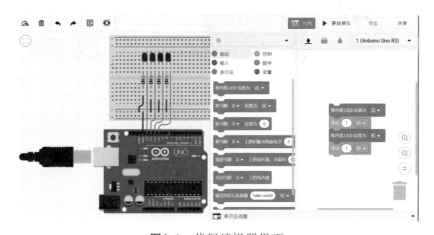

图3.4　代码编辑器界面

此时区域2中的**代码**按钮变成了蓝色（见图3.4）。在代码编辑器的界面中默认为积木块的编程方式，所以目前这个界面和Scratch很像，左侧为积木块的区域，右侧为代码区域。在Tinkercad的电子电路设计功能中除了积木块的编程方式之外，还有积木块加代码的编程方式（见图3.5）以及纯Arduino代码的编程方式。通过代码编辑器界面左上角的下拉菜单可以选择不同的编程方式，菜单中的三个选项是**块**、**块+文本**以及**文本**。积木块加代码的编程方式其实只是将图形化编辑的程序转换成Arduino代码的程序，但使用者并不能编辑或直接编写Arduino代码。

由于积木块的编程方式和Scratch很类似，所以本书不做详细介绍，大家感兴趣的话可以自己尝试一下，在这个界面中积木块分为六大类（见图3.4），硬件相关的**输入**（深蓝色）、**输出**（浅蓝色），程序结构相关的**控制**（橙色），代码相关的**数学**（绿色）和**变量**（紫色），以及程序注释相关的**表示法**（灰色，表示法中的积木块就是在程序中添加注释）。

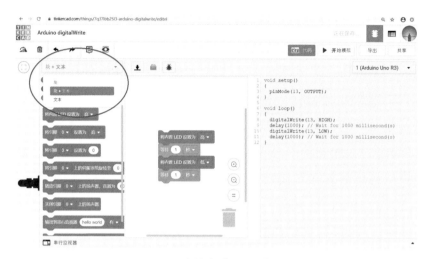

图3.5 积木块加代码的编程方式

如果要切换到纯Arduino代码的编程方式请在下拉菜单中选择**文本**，对应界面如图3.6所示。

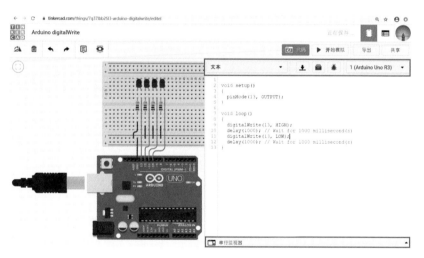

图3.6 纯Arduino代码的编程方式

在这个界面我们详细介绍一下相关的按钮与选项。整个代码编辑器的中间区域是程序区，程序区的上下两边各有一些功能按钮与选项。

下边比较简单，是一个打开软件中虚拟Arduino的串行监视器的按钮，如果点击这个按钮，则会在下方出现一个串行监视器的窗口，之后会有关于这个功能的详细介绍，目前就先跳过。

上方有两个下拉菜单和三个按钮。左侧的下拉菜单已经说过了，是用来选择编程方式的。右边的下拉菜单是用来选择编程对象的，目前这个项目中只有一个Arduino，所以默认就是为这个Arduino编程。如果项目中有多个可编程的组件，则在进行编程工作时，可以在这个下拉菜单中选择是对哪个组件进行编程。中间的三个按钮在另外两种编程方式中有两个是无法使用的，在文本代码的编程方式中则都可以使用。这三个按钮分别是**下载**、**库**和**调试**。其中，**下载**的功能是将编写好的代码下载到本地计算机，以便于用户将代码烧写到一块真正的Arduino当中；**库**的功能是将Arduino的库函数添加到代码中；**调试**的功能是方便用户以运行的方式对代码进行检查，在调试过程中能够看到变量的变化以及Arduino端口的变化，这个功能在测试程序时非常有用，我们接下来马上就会用到。

介绍了界面中的详细功能之后，下面来看二进制计时器的代码。

```
int num = 0;                             //创建变量num，用于保存要显示的数值

void setup()
{
  pinMode(10, OUTPUT);
  pinMode(11, OUTPUT);
  pinMode(12, OUTPUT);
  pinMode(13, OUTPUT);
}

void loop()
{
  delay(1000);                              //每1秒计一个数
  num++;
  if(num == 10)                             //如果数据等于10，则回到0
    num = 0;

  int temp = num;                           //将num赋值给变量temp用于显示
  for(int i = 10 ; i < 14 ; i++)
  {
    //判断数据是奇数还是偶数
    if(temp%2)                      //如果是奇数则二进制最后一位为1，点亮LED
      digitalWrite(i, HIGH);
    else
      digitalWrite(i, LOW);
```

```
        temp = temp/2;
    }
}
```

这段代码很简单，首先在setup()函数中使用pinMode()函数将要用到的引脚设置为输出（OUTPUT），然后在循环的loop()函数中用delay()函数延时，每过1秒都会将变量num的值加1。最后以二进制的形式显示这个变量的值，就算实现计时器的功能了。

在显示数据时这里使用的方式是判断数据是奇数还是偶数，将数据除二求余数，余数为1则是奇数，为0则是偶数。数据是奇数就将LED点亮。

对二进制数据的最后一位进行判断之后，将数据除以2就能判断二进制的倒数第二位，接着再除以2就能判断二进制的倒数第三位，以此类推。这样就实现了一个二进制计时器。运行程序时，第1秒时LED灯的状态是**灭灭灭亮**（1），第2秒时为**灭灭亮灭**（2），第3秒时为**灭灭亮亮**（3），之后依次为**灭亮灭灭**（4）、**灭亮灭亮**（5）、**灭亮亮灭**（6）、**灭亮亮亮**（7）、**亮灭灭灭**（8）、**亮灭灭亮**（9）。

3.2.2 程序调试

本节我们通过二进制计时器的程序来介绍程序调试功能。

点击程序编辑器中的**调试**按钮，在编辑器的右侧会再多出一块区域，如图3.7所示。

这个区域其实就是两个按钮和一段文字说明。文字说明是介绍调试功能如何使用的，分为三步：

（1）在程序中单击行号添加断点。

（2）点击**开始模拟**。

（3）暂停时将光标悬停在变量上以查看变量值。

断点是我们在程序中设定的暂停的地方，通过设置断点可以让程序在需要的地方中断，同时保留各种变量的状态，从而方便分析程序运行中可能遇到的问题。设置断点来调试程序是在排除了程序的语法错误后调试程序常用的方式。图3.7中分别在程序的17行和25行设置了断点，设置断点后的行号会变成蓝色。

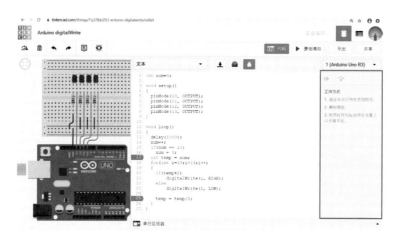

图3.7 程序编辑器中的调试界面

设置断点后如果再次模拟运行程序，则马上就会看到17行的底色变为了浅蓝色，如图3.8所示。

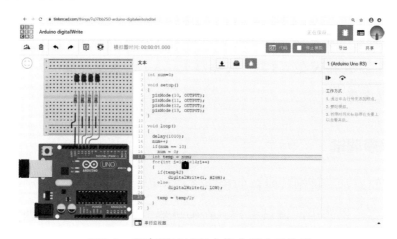

图3.8 程序调试过程中停在断点的位置

这表明程序暂停在17行的位置，同时调试界面中的两个按钮变为了黑色，表示按钮可用。此时如果将鼠标移动到任意一个变量上就能看到这个变量当前的值，图3.8中我们查看的是变量num的值。

这里有两点要特别说明：首先，当程序暂停时，当前的这一行程序是未运行的，比如当前17行的程序是没有运行的；其次，当程序暂停时，可以查看程序中任意位置变量的值，而不仅仅是断点位置代码中的变量。

如果我们希望程序继续运行，就需要点击调试界面中的第一个按钮，这个按钮的图标是一个竖线加上一个向右的箭头。点击该按钮后，程序就会运行到下一个设置断点的位置，如图3.9所示。

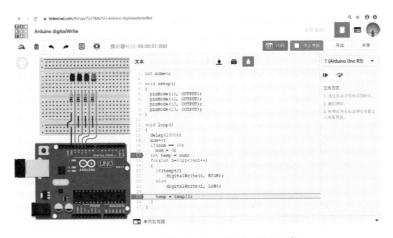

图3.9 通过按钮可以继续运行程序

图3.9中我们看到程序停在了25行的位置，此时点亮LED的程序已经运行了一部分，因为之前num的值为1，所以能看到左侧的模拟硬件中最右侧的LED灯已经点亮了。再运行程序依然点击调试界面中的第一个按钮，这里注意，下一次程序中断时依然停在25行，这是因为25行的程序在一个for循环中，没有跳出for循环时会一直在25行的位置中断。当再次在17行中断的时候，num的值应该已经变成了2。如果希望取消断点，只要再次点击行号即可。

在调试界面中还有一个功能，通过点击界面中的第二个按钮能够实现逐行运行程序，这个功能在排查问题并且接近问题点的时候非常有用。

3.2.3 二进制计数器

在二进制计时器的基础上添加一个按钮即可实现二进制计数器的硬件搭建。选取一个按钮添加到项目中，硬件连接如图3.10所示。

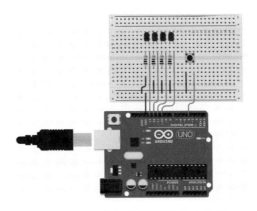

图3.10 二进制计数器硬件连接图

添加硬件后对代码进行相应的修改，如下所示：

```
int num = 0;

void setup()
{
  pinMode(10, OUTPUT);
  pinMode(11, OUTPUT);
  pinMode(12, OUTPUT);
  pinMode(13, OUTPUT);
  pinMode(4, INPUT_PULLUP);              //将连接按钮的引脚置为输入，且引脚上拉
}

void loop()
{
  if(digitalRead(4) == 0)      //取代原来的delay()函数，这里判断按钮是否按下
  {
    delay(100);                                              //延时消抖
    num++;
    if(num == 10)
      num = 0;
    int temp = num;
    for(int i = 10;i < 14;i++)
    {
      if(temp%2)
        digitalWrite(i, HIGH);
      else
        digitalWrite(i, LOW);
        temp = temp/2;
    }
    while(digitalRead(4) == 0);                     //判断按钮是否松开
  }
}
```

　　代码中添加的内容很少，首先是在setup()函数中，将连接按钮的引脚4置为输入，这里参数INPUT_PULLUP的意思是使能引脚的内部弱上拉，这样当我们没有按下按钮的时候，引脚的状态就是高。

　　在loop()函数中我们没有在延时之后直接将num的值加1，而是先利用条件digitalRead(4) == 0来判断是否按下了按钮。最后在处理完LED显示之后，通过while()语句等待按钮抬起。

代码修改完成后点击**开始模拟**。此时如果我们用鼠标点击按钮，则4个LED就会显示按下按钮的次数。

3.2.4 译码芯片

如果我们想把这个二进制计数器换成数码管的计数器，那么最经济的方式是将LED灯去掉，换成一个7段数码管。由于7段数码管相当于8个有一端相连的LED灯，所以电阻的数量需要增加到8个。最后再相应地调整程序即可实现。

如果我们不想调整程序呢？每次都要改变8个引脚的输出实在是让程序显得太冗长了，而且还要很小心地确定每条引脚输出语句是不是控制了正确的引脚，调试过程也会很麻烦。因此，本节我们要换一种方法完成这个改动。

如果不想改程序，那就只能从硬件上下手了。我们需要添加一个芯片（集成电路），这个芯片的功能是将二进制数转换成驱动数码管显示的信号，由于两种信号属于不同的编码规则，所以这种芯片通常称为译码芯片，这里使用的具体芯片型号为CD4511。CD4511是一种BCD码转7段码的译码芯片，用于驱动共阴极数码管显示不同的数字，同时还具有消隐功能（什么都不显示）和锁存功能（锁定输出时输入的变化不会影响输出）。

BCD码

BCD码是Binary-Coded Decimal的缩写，是用4位二进制数表示1位十进制数中0~9这10个数码，是一种用二进制编码十进制的数字编码形式。BCD码这种编码形式利用4个位元储存一个十进制的数码，使二进制和十进制之间的转换得以快捷地进行。

使用芯片之前，必须阅读芯片的数据手册，了解芯片各个引脚的定义。CD4511各引脚的定义如图3.11所示。

对于双列直插封装的芯片来说，通常在芯片的一端会有一个半圆形的凹槽。如果将这个凹槽朝上，则左上角的引脚为1脚，其他引脚按照逆时针方向排列，最后一个引脚的位置在右上角。

另外在数据手册中，除了会标注引脚的编号外，还会标注引脚的功能标

识，比如这里的A1、A2等。这些标识有些是通用的，比如VDD表示电源正，
VSS表示电源地，但大多数标识都是针对芯片的。

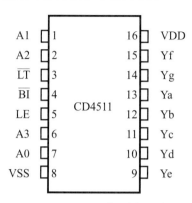

图3.11　CD4511各引脚的定义

CD4511各引脚的功能说明见表3.1。

表3.1　CD4511引脚功能说明

引　脚	标　识	说　明
7	A0	
1	A1	二进制数据输入端
2	A2	
6	A3	
4	$\overline{BI}$	消隐控制端(标识上的横线表示低电平有效)，另外CD4511有拒绝伪码的特性，当输入数据超过十进制数9时，也会自行消隐
5	LE	数据锁存控制端
3	$\overline{LT}$	测试端，低电平有效。当引脚置低时一直显示8，以检查数码管是否有故障
13	Ya	
12	Yb	
11	Yc	数码管驱动引脚，分别对应数码管的7段，即a、b、c、d、
10	Yd	e、f、g
9	Ye	驱动引脚连接数码管需要串联一个330Ω左右的限流电阻
15	Yf	
14	Yg	
16	VDD	电源正，支持电压3~18V
8	VSS	电源地

对应芯片的真值表（1表示高电平，0表示低电平）见表3.2。

表3.2 芯片的真值表

输入（x表示1或0都可以）							输 出							
LE	$\overline{BI}$	$\overline{LT}$	A3	A2	A1	A0	Ya	Yb	Yc	Yd	Ye	Yf	Yg	显示
x	x	0	x	x	x	x	1	1	1	1	1	1	1	8
x	0	1	x	x	x	x	0	0	0	0	0	0	0	消隐
0	1	1	0	0	0	0	1	1	1	1	1	1	0	0
0	1	1	0	0	0	1	0	1	1	0	0	0	0	1
0	1	1	0	0	1	0	1	1	0	1	1	0	1	2
0	1	1	0	0	1	1	1	1	1	1	0	0	1	3
0	1	1	0	1	0	0	0	1	1	0	0	1	1	4
0	1	1	0	1	0	1	1	0	1	1	0	1	1	5
0	1	1	0	1	1	0	0	0	1	1	1	1	1	6
0	1	1	0	1	1	1	1	1	1	0	0	0	0	7
0	1	1	1	0	0	0	1	1	1	1	1	1	1	8
0	1	1	1	0	0	1	1	1	1	1	0	0	1	9
1	1	1	x	x	x	x	锁 存							

3.2.5 数码管计数器

了解了CD4511的功能及引脚定义之后，下面就来将之前的二进制计数器改造成一个数码管计数器。

第一步是在组件区选取如下组件：

· 数码管，1个

· 330Ω限流电阻，7个

· 译码芯片CD4511，1片

· 小型面包板，1个

组件选取之后如图3.12所示。

软件中CD4511芯片是横着放的，在第一个引脚的边上有一个白点。另外请注意数码管要设置为共阴。软件中当把鼠标悬停在元器件的引脚上时，就会出现这个引脚的标识，数码管的标识包括A、B、C、D、E、F、G，以及代表小数点的DP和代表公共端的常用。

第二步是在小型面包板上将数码管和CD4511连接在一起。

首先连接图3.12中被鼠标选中、标识为E的引脚。前面介绍面包板的时候讲过，面包板中间的凹槽是针对集成电路设计的。这里就把CD4511和数码管跨接在凹槽两边，放在面包板上，如图3.13所示。

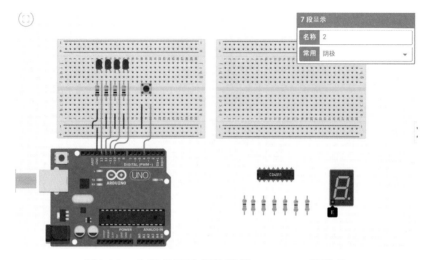

图3.12　在组件区选择数码管、CD4511等组件

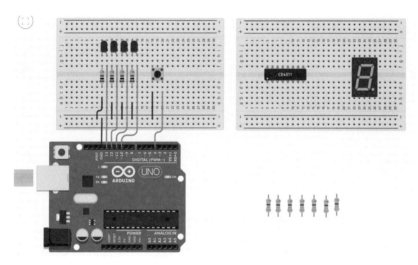

图3.13　将CD4511和数码管放在面包板上

　　然后在数码管的引脚上串联电阻，将CD4511标识为E的引脚与数码管标识为E的引脚连在一起，如图3.14所示。

　　注意：CD4511标识为E的引脚和数码管标识为E的引脚分别连在同一个电阻的两端（图3.14中的绿线，在软件中CD4511引脚的标识名称与图3.11中的引脚标识名称略有不同）。依照同样的形式将剩下的6对引脚相应连在一起，完成后如图3.15所示。

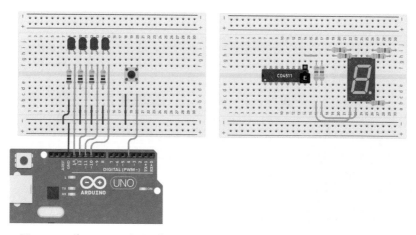

图3.14 将CD4511标识为E的引脚与数码管标识为E的引脚连在一起

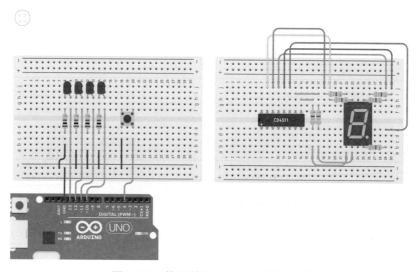

图3.15 数码管和CD4511连接完成

第三步是将Arduino的10~13引脚连到CD4511上，连接关系分别为10脚接A0，11脚接A1，12脚接A2，13脚接A3，完成后如图3.16所示。

第四步是将电源和地连接好，包括CD4511、数码管以及两个小面包板，同时将CD4511剩下的引脚也对应地连接到电源和地上。这里由于我们不使用锁存、消隐和测试功能，所以将$\overline{LT}$和$\overline{BI}$连接到电源正，将LE连接到地，完成后如图3.17所示。

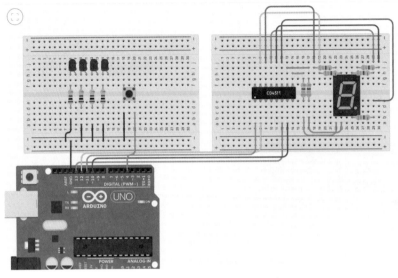

图3.16　将Arduino的10~13引脚连到CD4511上

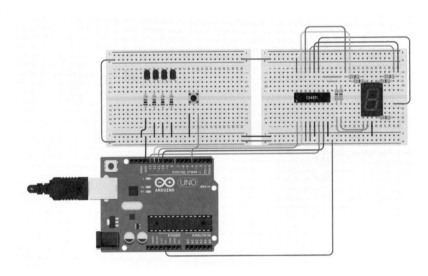

图3.17　完成后的数码管计数器

至此，这个数码管计数器就制作完成了。点击**开始模拟**后，数码管上首先显示0，当我们点击左边的按钮时，数码管上的数字就会相应变化，图3.17中数码管显示的是数字6。

3.2.6　两位数的数码管计数器

现在我们应该已经完全清楚了CD4511的使用方式，本节我们再添加一个数码管，来实现一个两位数的数码管计数器。

第一步：将图3.17中左侧的面包板去掉（左侧的面包板在上一节中用处也不大，只是为了让内容过渡更平顺），然后将Arduino移动到右侧面包板下方，同时在原右侧面包板的右侧再添加一块面包板，如图3.18所示。

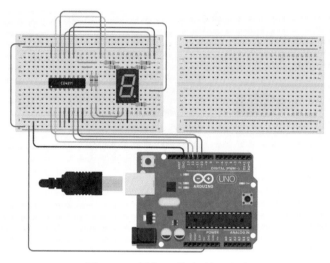

图3.18 添加一块新的面包板

第二步：在这个面包板上添加CD4511和数码管的组件并连线，完成后如图3.19所示。

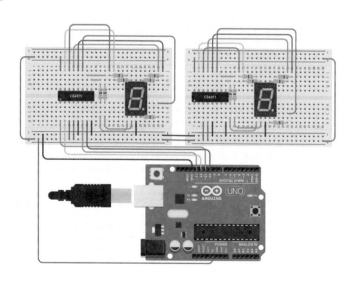

图3.19 再搭建一个数码管电路

第三步：将Arduino的另外4个引脚作为新的CD4511的输入，这里选择6、7、8、9四个引脚，分别对应A0、A1、A2、A3。另外，再把之前的按钮电路在这个新的面包板上搭建出来。完成连接后如图3.20所示。

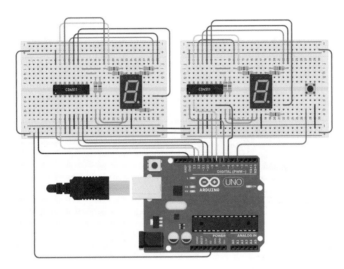

图3.20　搭建完的两位数数码管计数器

第四步：硬件搭建完，还要对代码进行适当修改。主要是目前10~13引脚输出的信号是表示十位数据的，而6~9引脚输出的信号是表示个位数据的。参照之前的程序修改代码如下：

```
int num = 0;

void setup()
{
  for(int i = 6 ; i < 14 ;i++)          //利用for循环设置引脚输出
    pinMode(i, OUTPUT);

  pinMode(4, INPUT_PULLUP);
}

void loop()
{
  if(digitalRead(4) == 0)
  {
    delay(100);
    num++;
    if(num == 100)                      //num不能大于100
      num = 0;

    int temp = num/10;                  //通过除法运算获取十位的数值
    for(int i = 10;i < 14;i++)
    {
      if(temp%2)
```

```
    digitalWrite(i, HIGH);
  else
    digitalWrite(i, LOW);

  temp = temp/2;
}

temp = num%10;                        //通过求余运算获取个位的数值
for(int i = 6;i < 10;i++)
{
  if(temp%2)
    digitalWrite(i, HIGH);
  else
    digitalWrite(i, LOW);

  temp = temp/2;
}

while(digitalRead(4) == 0);
  }
}
```

两位数的数码管计数器模拟运行效果如图3.21所示。

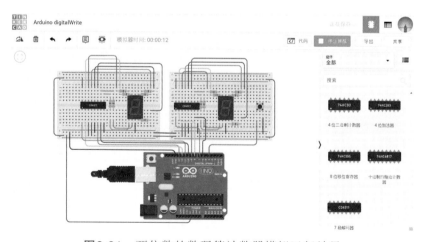

图3.21　两位数的数码管计数器模拟运行效果

3.2.7　项目共享

我们可以将完成的项目分享给其他人，点击图3.21中界面右上角的"共享"按钮，就会弹出一个图3.22所示的对话框。

图3.22　共享对话框

这个对话框中有两个功能。功能一是提供一个**设计快照**的图片供下载，以便用于项目分享时的图片展示；功能二是生成一个共同编辑的链接，如果把这个链接发给别人，就能够邀请别人来查看和更改你的项目，注意这个链接是有时效性的。

当我们下载了**设计快照**之后，可以回到展示项目的界面，如图3.23所示。

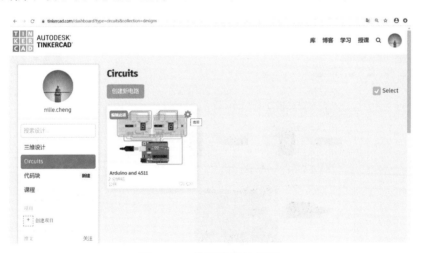

图3.23　项目展示的界面

此时在界面中就已经包含了刚才完成的项目，点击项目图示右上角齿轮状的**选项**按钮，能进入项目的属性对话框，如图3.24所示。

这里如果把隐私中的下拉菜单改为**公共**，并保存你的更改，网站上的其他用户就能够在库中看到这个项目了。当然为了让其他人能够快速地找到你的项目，最好在属性对话框中写一些项目介绍并设置一些标签。

图3.24 项目属性对话框

3.3 模拟量输入

在Arduino中，模拟量的输出比较特殊，我们会在下一章单独介绍，本节只实现一个模拟量输入的例子。实现模拟量输入的函数为analogRead()。

3.3.1 模数转换

3.1节我们说过，现在所有计算机和微处理器的核心都只能处理数字信号，Arduino也一样。之所以Arduino或其他单片机能够实现模拟量的输入，是因为在它们内部集成了一个称为模数转换器（简称ADC）的部分，模数转换器的作用是将时间连续、幅值也连续的模拟量转换为时间离散、幅值也离散的数字信号，模数转换器的技术参数主要有两个。

第一个技术参数是转换精度。通常的模数转换器是将一个输入电压信号转换为一个输出的数字信号。由于数字信号本身不具有实际意义，仅仅表示一个相对大小。所以决定这个数值精度的因素又有两方面，一方面是模数转换器需要一个参考模拟电压作为转换的标准，比较常见的参考标准为最大的可转换信号大小，而输出的数字量则表示输入信号相对于参考信号的大小；另一方面是模数转换器的分辨率，即在参考模拟电压范围内的模拟信号，它能输出离散数字信号值的个数。在芯片中这些信号值通常用二进制数来存储，因此，这些离散值的个数是2的幂指数。例如，Arduino模数转换器的分辨率是10位的，则它可以将模拟信号编码成1024个不同的离散值（$2^{10}=1024$），从0到1023。这里要特别注意，模数转换器是把0到参考模拟电压之间的范围分成1024个离散点，比如参考模拟电压为5V，则是将0到5V分为1024个离散点，这样两个离散点之间的差约为4.9mV；而如果参考模拟电压为1V，则是将0到1V分为1024个离散点，这样两个离散点之间的差约为0.98mV，很显然后者要比前者精度高，但后者测量范围小。所以在项目中要根据实际情况选择参考模拟电压值。

第二个技术参数是转换时间，是指模数转换器从采集模拟信号开始，到输出稳定的数字信号所经过的时间。模数转换不是瞬间完成的，一般要经过取样、保持、量化及编码4个过程。在实际电路中，这些过程有的是合并进行的，例如，取样和保持，量化和编码往往都是在转换过程中同时实现的。模数转换器的转换时间与转换电路的类型有关。不同类型的模数转换器转换速度相差甚远。其中并行比较模数转换器的转换速度最高，8位二进制输出的单片集成模数转换器转换时间可达到50ns以内，逐次比较型模数转换器次之，多数转换时间在10~50μs，间接模数转换器的速度最慢，如双积分模数转换器的转换时间大都在几十毫秒至几百毫秒。Arduino的转换时间在其软硬件环境限制下大概是100μs。

3.3.2 参考模拟电压

设置Arduino的参考模拟电压需要使用函数analogReference()，该函数有一个参数，参数类型是type，有三种类型可选，分别为DEFAULT（默认）、INTERNAL（内部）和EXTERNAL（外部）。

默认情况下（包括Arduino上电后没有使用函数analogReference()进行设置的情况），Arduino采用板载电源稳压电路的输出作为基准电压，根据具体的Arduino板，基准电压可以是5V或者3.3V。Arduino Uno为5V。

内部模式下，采用Arduino的片载精密基准电压源。主控芯片不同，基准电压源的电压也不同，通常为1.1V（适用于ATmega168或ATmega328）或者2.56V（适用于ATmega8和Mega系列），Arduino Uno使用的主控芯片是ATmega328，因此，基准电压源的电压为1.1V。

外部模式下，可用一个5kΩ的上拉保护电阻将一个外部基准电压连接至Arduino的AREF引脚。

3.3.3　电量测试仪

在了解了模拟信号的技术指标之后，本节我们来制作一个电量测试仪。

电量测试仪的功能是通过Arduino的模拟输入引脚（即A0~A5中的一个引脚）测量一个电压值，并以百分比的形式显示。有点像手机端显示电量的功能，不过手机端是通过屏幕显示，而这里是通过3.2节的两位数数码管计数器来显示，100%的情况下只有右侧的第二个数码管显示数字0，左侧的第一个数码管不显示（消隐）。

为了模拟电压的变化，我们在数码管计数器的电路中添加一个电位计，电位计的最大阻值为默认的250kΩ。当在电位计两端添加一个5V电压时，中间引脚把电位计的电阻"分"成了两段，而旋转旋钮能够调整内部引脚的位置，从而改变中间引脚两边电阻的比例，这样就能在中间引脚的位置获得0~5V不同的电压值。另外我们还添加了一个测量电压的万用表来显示实时电压值，完成后如图3.25所示。

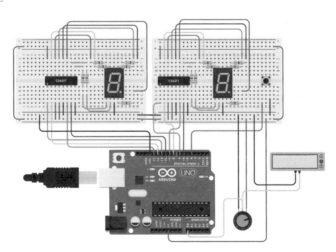

图3.25　在数码管计数器电路中添加电位计和万用表

软件中将电位计的中间引脚连接到Arduino的A0口。硬件确定之后再来修改程序，这里参考模拟电压选择为默认的5V，所以不需要使用`analogReference()`函数，直接用函数`analogRead()`获取返回值即可，具体代码如下：

```
int num = 0;

void setup()
{
  for(int i = 6 ; i < 14 ;i++)
    pinMode(i, OUTPUT);
}

void loop()
{
  num = analogRead(A0);
  num = map(num,0,1023,0,100);              //通过映射转换数据

  int temp = num/10;                        //通过除法运算获取十位的数值
  for(int i = 10;i < 14;i++)
  {
    if(temp%2)
      digitalWrite(i, HIGH);
    else
      digitalWrite(i, LOW);

    temp = temp/2;
  }

  temp = num%10;                            //通过求余运算获取个位的数值
  for(int i = 6;i < 10;i++)
  {
    if(temp%2)
      digitalWrite(i, HIGH);
    else
      digitalWrite(i, LOW);

    temp = temp/2;
  }
  delay(200);                               //添加延时，避免测量太频繁
}
```

代码中去掉了操作引脚4的相关语句，包括在setup()函数中设置引脚4为输入的语句，以及loop()函数中读取引脚4状态的语句，而在loop()函数中使用了map()函数对analogRead()函数的返回值进行映射，因为模拟输入返回值的范围是0~1023，而百分比显示的数值是从0到100，所以map()函数中后

4个参数分别为0、1023、0、100，意思是将0~1023的一个值等比例地映射到0~100。

另外这段代码中去掉了判断num是不是等于100的语句，这是因为通过映射后num的最大值为100，而当num等于100的时候，num/10的结果就是10，此时由于CD4511有拒绝伪码的特性，当输入数据超过十进制数9时，就会自行消隐，所以第一个数码管就不显示了。

点击**开始模拟**之后，旋转电位计，首先我们能看到万用表上显示的电压值在变化，其次两个数码管上显示的数字也在变化。现在这个数字是相对于5V的比例值，如果电位计接电源的一端接的不是5V，而是3.3V，那么这个比例值最大也就是66，无法显示更高的值。如果我们希望这个比例值是相对于3.3V而言的，那就需要更改参考模拟电压。

因为内部模式下Arduino Uno的基准源电压只有1.1V，所以在软件和硬件两个方面都要进行更改，不过都比较简单，软件方面要在setup()函数中添加语句analogReference(EXTERNAL)，以使用外部AREF引脚的参考电压。硬件方面要在AREF引脚上串联一个5kΩ的上拉电阻接到3.3V。

硬件修改之后如图3.26所示。

AREF引脚在数字I/O口一侧，引脚13旁边的GND外侧。图3.26中我们能看到在程序模拟运行时，万用表测得的A0引脚电压为3.17V，还未达到3.3V，而两个数码管上显示的电量比例为95%。

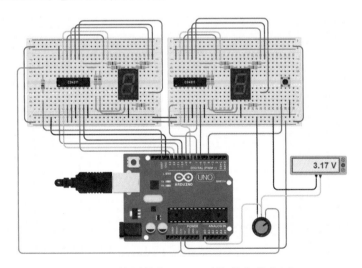

图3.26 使用外部AREF引脚的参考电压

第4章　方波输出

有把模拟信号转换为数字信号的模数转换器，当然也有把数字信号转换为模拟信号的数模转换器。我们生活中最常见的数模转换器就是MP3播放器，当然这是一种有特定用途、特定功能的数模转换器，它能够将数字的音频文件转换成模拟的声音信号。

虽然相对于analogRead()函数有一个analogWrite()函数，但Arduino当中并没有集成数模转换的部分，所以Arduino通过本身的I/O引脚是无法实现真正的模拟信号输出的。实际上使用analogWrite()函数输出的是一种不断变化的数字信号，即一段时间高电平、一段时间低电平的方波信号。

4.1　PWM输出

之所以使用analogWrite()函数输出的方波信号能被看成模拟信号，或者说通常都按照模拟信号来理解，是因为如果利用这个方波信号调制晶体管基极或MOS管栅极的偏置，能够改变晶体管或MOS管导通的时间，从而改变稳压电源电压的输出。这种方式称为PWM（Pulse Width Modulation，脉冲宽度调制），是利用微处理器的数字信号对模拟电路进行控制的一种非常有效的技术，广泛应用在从测量、通信到功率控制与变换的许多领域中。

采样控制理论中有一个重要结论：冲量相等而形状不同的窄脉冲加在具有惯性的环节上时，其效果基本相同。PWM控制技术就是以该结论为理论基础，对半导体开关器件的导通和关断进行控制，使输出端得到一系列幅值相等而宽度不相等的脉冲，用这些脉冲代替正弦波或其他所需要的波形。按一定的规则对各脉冲的宽度进行调制，既可改变逆变电路输出电压的大小，也可改变输出频率。

PWM控制的基本原理很早就已经提出，但是受功率半导体器件发展水平的制约，在20世纪80年代以前一直未能实现。直到进入20世纪80年代，随着全控型功率半导体器件的出现和迅速发展，PWM控制技术才真正得到应用。

4.1.1　PWM信号

PWM是Pulse Width　Modulation（脉冲宽度调制）的首字母缩写，意思就是对一系列脉冲的宽度进行调制。图4.1就是一个简单的PWM波形示意图。

其中，T是PWM波的周期，T_1是高电平的宽度，T_2是低电平的宽度，T_1/T是PWM波的占空比。

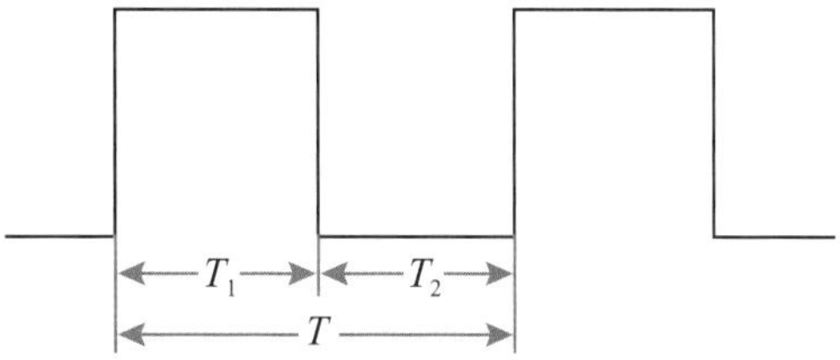

应该说PWM是一种模拟控制方式，这种方式相当于把纵向变化的电压（模

图4.1　PWM波形示意图

拟信号）变成横向变化的脉冲宽度（数字信号）。PWM的一个优点是传递的信号都是数字形式的，无须进行数模转换。让信号保持数字形式可将噪声影响降到最小。从模拟信号转向PWM可以极大地延长通信距离。理论上只要带宽足够，任何模拟值都可以使用PWM进行编码。

4.1.2　通过示波器显示PWM信号

使用Arduino Uno时，如果使用analogWrite()函数输出PWM信号，那么只有3、5、6、9、10、11这6个引脚能够实现这个功能。通常我们使用Arduino控制电机转速、LED灯亮度时使用的都是这几个引脚。

下面就通过示波器看看这几个引脚输出的PWM信号。为了能有一个直观的对比，这里我们选择三个示波器组件，分别测量9、10、11三个引脚。三个示波器的地连在一起共同连接Arduino的地。程序中控制占空比的参数取值范围为0~255，对应0~100%，对应程序如下：

```
void setup()
{
  pinMode(9, OUTPUT);
  pinMode(10, OUTPUT);
  pinMode(11, OUTPUT);
  analogWrite(9, 64);
  analogWrite(10, 128);
  analogWrite(11, 192);
}


void loop()
```

```
    {

    }
```

占空比0和100%分别为0V（高电平时间为0）和5V（全都是高电平），这里就不展示了，程序中64、128、192分别代表占空比25%、50%和75%，对应引脚9、10、11。由于通过语句analogWrite()设置后的引脚会一直输出PWM信号，所以这里loop()函数中没有任何代码。程序模拟运行后如图4.2所示。

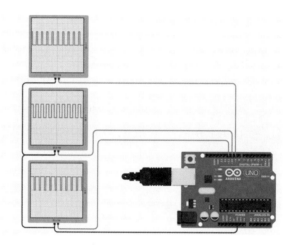

图4.2　分别通过三个引脚输出PWM信号

Arduino的PWM信号频率约为490Hz，一个方波的时间约为2ms，因此，三个示波器的每次分割时间都设置为2ms。图4.2中从上到下展示的占空比分别为25%、50%和75%。

如果实现一个呼吸灯的例子，则通过示波器就能看到从0V的状态到出现一个周期性的方波，之后这个周期性的方波脉宽慢慢加大，直到变成5V的状态，在5V状态维持一段时间后，又变为周期性的方波且方波脉宽渐渐缩小，最后变为0V。

4.2　伺服电机

伺服电机的控制信号也是PWM的形式，不过与上一节中的内容不同，前面介绍的PWM信号传递的是占空比这种比例信息，而伺服电机的控制信号传递的是脉宽的时间长度信息。

4.2.1 伺服电机工作原理

伺服电机通常称为舵机，最早出现在航模运动中，主要用于遥控模型的运动姿态，其工作过程是把收到的脉冲宽度（也可简称脉宽）信号转换为电机轴上的角位移输出。目前广泛应用的舵机，其输入信号的脉冲宽度在0.5~2.5ms，同时舵机本身也有一个信号源，它也会产生一个宽度在0.5~2.5ms的脉冲，不过极性与输入信号相反。把这两个信号比对，就会出现正差或负差，这个差就是控制舵机内电机正反转的依据。电机本身还联动一个电位器，这个电位器的变化能够改变舵机自身信号源的脉宽，电机的转动最终会使输入和自身的信号等宽，这个时候舵机就会停止转动。通用舵机的结构如图4.3所示。

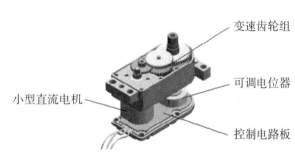

图4.3 通用舵机的结构

通用舵机有3条控制线，分别是电源、地和信号线。电源和地用于驱动舵机内的电机以及为内部的控制板提供电源，电压通常介于4~6V。信号线是用来输入脉冲信号的，脉冲高电平通常在0.5~2.5ms，低电平通常在5~20ms，舵机每20ms必须接收到高电平信号，否则舵机可能无法维持在原来的位置。图4.4是脉冲信号与舵机角度的对应关系。

通用舵机转动的角度是−90°～90°，不过通常我们描述舵机转动的角度为0°～180°，0°就是图4.4中的−90°，180°就是图4.4中的90°。

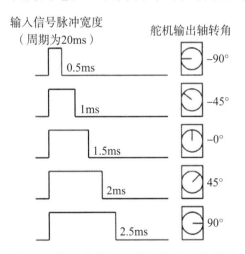

图4.4 脉冲信号与舵机角度的对应关系

4.2.2 伺服电机控制

理解了伺服电机的工作原理之后，本节将使用Arduino来实现对舵机角度的控制。具体实现的功能是让舵机转到45°。

首先在组件区选取一个微型伺服电机（一种较小的舵机），并将舵机和控制板连在一起，如图4.5所示。

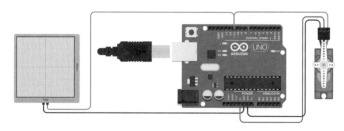

图 4.5　连接舵机

分别将伺服电机的电源、地和信号线连接到Arduino Uno的5V、GND和引脚11。另外，我们在引脚11接了一个示波器。为了让舵机转到45°，需要Arduino输出一个脉宽为1ms的脉冲，对应程序如下：

```
void setup()
{
  pinMode(11, OUTPUT);
}

void loop()
{
  digitalWrite(11,HIGH);
  delay(1);
  digitalWrite(11,LOW);
  delay(19);
}
```

这里在loop()函数中，首先将引脚11置为高，然后延时1ms后将引脚11置为低，由于舵机每20ms必须接收到高电平信号，所以之后延时了19ms。程序运行效果如图4.6所示。

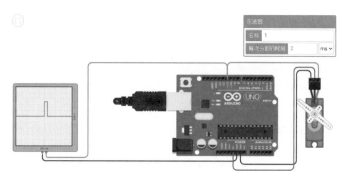

图4.6　控制舵机转到45°

这里示波器的每次分割时间设置为2ms，此时就能看到舵机转到了45°。

由于可以直接通过设置引脚的高低来控制舵机，所以连接舵机的引脚不需要一定是3、5、6、9、10、11这6个引脚中的一个。实际上这种PWM信号不仅可以控制舵机，航模中使用的电子调速器（有刷和无刷）也是用这种信号控制的。

4.2.3 Servor库

Arduino之所以简单易用，一个很重要的原因是Arduino提供了很多库文件。本书并不会展开介绍库的内容，大家只需要知道库文件相当于别人写好的函数集，通过使用库文件我们可以直接使用别人的函数，一方面能够提高效率，另一方面也不需要太关心底层硬件是如何实现的。第二点我们在之后的内容中应该会有更深刻的体会。

Arduino的库文件涉及各个方面，这极大地扩展了Arduino的应用领域，其中很多库文件都是爱好者编写的，大家在完成某一个功能的库文件之后，本着开源的思想将这些资源放在网络上共享，同时根据其他爱好者的使用情况进行完善。

本节我们会使用针对伺服电机的Servor库，如果使用上一节中的控制方式，我们的程序需要不断设置引脚的高低变化，而使用Servor库，只需要在改变舵机角度的时候进行设置就可以了。在Tinkercad的软件界面中，如果要使用库文件，首先要点击代码编辑器中的"库"按钮，如图4.7所示。

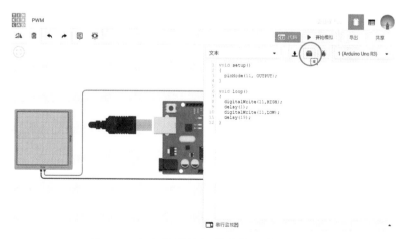

图4.7 点击代码编辑器中的"库"按钮

此时在代码区会出现很多Arduino的库文件，如图4.8所示。

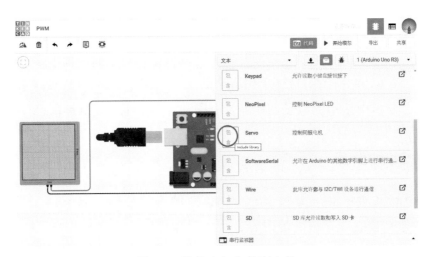

图4.8　软件中包含的库文件

在库文件的列表中会显示库文件的名字以及说明，这里我们要使用Servo库，图4.8中能看到对应库的说明是"控制伺服电机"。如果要在代码中包含库文件，则点击库文件前面的"包含"按钮。

之后在代码的第一行就会多出一行代码#include<Servo.h>，如图4.9所示。

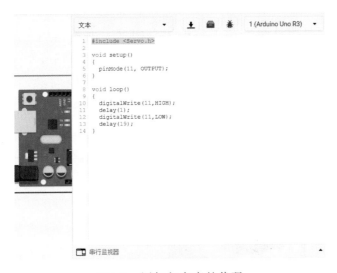

图4.9　添加包含库的代码

图4.9中我选中了新加的代码，这行代码有两部分，前面是#号加关键字include，表示要包含一个头文件，后面是对应库的名字Servo.h（库文件的后缀通常都是.h）。这样就能使用库文件里的函数了。如果依然是完成上一节的功能，此时的代码为

```
#include <Servo.h>

Servo myservo;

void setup()
{
  myservo.attach(11);
  myservo.write(45);
}

void loop()
{

}
```

程序运行效果和图4.6一样。我们通过这段代码讲解一下如何使用Servo库来控制伺服电机。

首先，在包含了库文件之后，要通过

```
Servo myservo;
```

来定义一个Servo类的对象。这相当于给要控制的伺服电机取一个名字，这里我的伺服电机名叫myservo，这个名字可以自己定义，但前面的类名Servo是不能变的。

其次，要设定伺服电机连接的引脚，就要使用语句

```
myservo.attach(11);
```

其中，attach()函数是对象的方法，所以需要用点运算符，表示使用的是对象myservo的函数，在编程领域，一般对象的函数称为方法。这个方法需要一个参数，该参数就是指定伺服电机连接的引脚。

最后，就是设置伺服电机的角度了，对应的语句为

```
myservo.write(45);
```

其中，write()方法的参数就是伺服电机转到的角度。设定伺服电机连接的引脚以及设置伺服电机角度的代码都是放在setup()函数中的，不过通过示波器能够看到在引脚11一直有一个脉宽1ms的脉冲。

4.2.4 调节伺服电机角度

在了解了Servo库之后，本节我们来实现一个调节伺服电机角度的例子。

这个例子实现的功能是通过一个电位计调节伺服电机的角度，因此，需要在硬件中连接一个电位计。硬件连接完成后如图4.10所示。

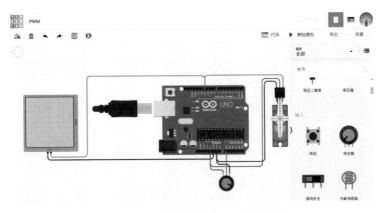

图4.10 在硬件中添加一个电位计

这里将电位计的中间引脚连接到Arduino的A0口，对应代码如下：

```
#include <Servo.h>

Servo myservo;
int val = 0;

void setup()
{
  myservo.attach(11);
}

void loop()
{
  val = analogRead(A0);
  val = map(val,0,1023,0,180);        //将模拟输入的值转换为0到180的角度值
  myservo.write(val);
}
```

这段代码中我们使用map()函数将模拟输入的值转换为0~180的角度值。运行程序后效果如图4.11所示。

程序模拟运行时，当我们转动电位计，就会看到示波器中的脉宽在变化，同时伺服电机的角度也在变化，脉宽越宽，相应伺服电机逆时针转动的角度越

大；脉宽越窄，相应伺服电机逆时针转动的角度越小。当停止旋转电位计时，伺服电机固定在一个角度不变。

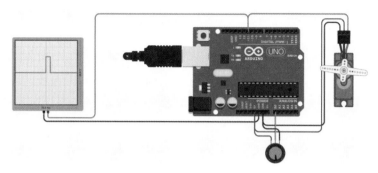

图4.11　通过电位计调节伺服电机的角度

4.3　电子音乐盒

前面介绍了Arduino输出的两种方波形式，一种传递的是占空比的数据，另一种传递的是脉冲宽度的时间数据。本节我们再来介绍第三种方波形式，这种形式下Arduino有点像前面提到的函数生成器，传递的是频率信息。只不过Arduino只能输出方波。

4.3.1　声　音

频率信息最直观的感受就是声音。声音作为一种波，是由物体振动产生的。这种波可以通过介质（空气或固体、液体）传播并能被人或动物的听觉器官所感知。当演奏乐器、拍打一扇门或者敲击桌面时，物体的振动会引起介质——空气分子有节奏的振动，使周围的空气产生疏密变化，形成疏密相间的纵波，这就产生了声波，这种现象会一直延续到振动消失为止。最初发出振动的物体叫声源。物体在一秒之内振动的次数叫做频率，单位是Hz。频率在20Hz~20kHz的声波是可以被人耳识别的，人耳对1kHz~3kHz的声波最敏感。超过听力频率范围的声波叫做超声波，低于听力频率范围的声波叫做次声波。

声音的高低叫做音调，音调主要由声音的频率决定。对于一定强度的纯音，音调随频率的升降而升降。我们通常用1234567（do re mi fa sol la si）来表示音调的高低。

4.3.2　压电蜂鸣器

生活中最常见的将一定频率的电信号转换为声音信号的东西就是耳机，耳机的工作原理有点像电磁铁，当处于电信号的高电平时，线圈充电产生磁性就会吸到磁铁一端，而当处于电信号的低电平时，线圈没有电失去磁性就会回到原来的位置，如此反复。线圈所连接的一个薄膜就会以电信号的频率振动，发出对应音调的声音。

如果将耳机整体放大就是扬声器，这个电子器件很容易获得，很多发声玩

图4.12　扬声器的外观

具里都有这个器件的身影，音响里的主要部件也是它，其外观如图4.12所示。

图4.12中扬声器底部黑色的圆环就是磁体，如果我们希望通过Arduino驱动耳机或扬声器发声，只需要将该元件的两个引脚连接到Arduino引脚和地之间即可。

在Arduino应用中另外一个较为常用的发声器件是压电蜂鸣器，其外观小巧，形状像一个很扁的圆柱，顶端正中间有一个小孔。本节我们就通过压电蜂鸣器来发声。在组件区选取一个压电蜂鸣器，并将其和控制板连在一起，如图4.13所示。

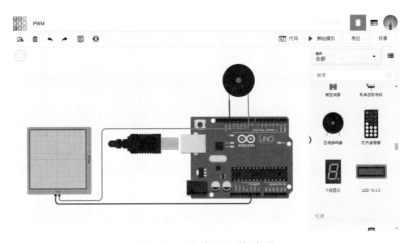

图4.13　连接压电蜂鸣器

这里将压电蜂鸣器连接到Arduino Uno的引脚9。同样这里也连接了一个示波器。如果要驱动扬声器，只要把压电蜂鸣器换成扬声器即可。

4.3.3 tone()函数

硬件连接完成后,下面介绍程序。如果我们通过digitalWrite()函数按照一定的时间间隔输出一定频率的方波也是可以的,不过这样太麻烦了,就像驱动伺服电机时一样。因此,这里我们利用一个Arduino的内置函数tone()。

tone()函数的功能是控制引脚在一定时间内输出一定频率的脉冲,包含三个参数,第一个参数是控制的引脚,第二个参数是脉冲的频率,第三个参数是脉冲输出的时间。人耳识别最敏感的声音频率是1kHz~3kHz,因此,如果要输出500ms频率为2000Hz的脉冲,则对应的代码为

```
tone(9, 2000, 500);
```

这里第一个参数为9,表示控制的是引脚9,第二个参数为频率值2000(单位Hz),第三个参数为时间值500(单位ms)。而整个程序代码为

```
void setup()
{

}

void loop()
{
  tone(9, 2000, 500);
}
```

由于使用tone()函数是不需要设置引脚输入输出的,所以这里setup()函数中是空的。此时当我们点击**开始模拟**后,就能听到对应频率的声音。模拟效果如图4.14所示。

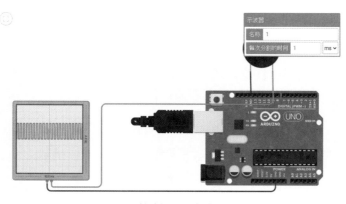

图4.14 控制压电蜂鸣器发声

虽然通过文字我们无法看到声音，不过通过示波器能够看到此时输出的是
方波脉冲（注意这个波形的占空比为50%，即高电平和低电平时间相同），示
波器设置的每次分割时间为1ms，即一格表示1ms，图4.14中能看到一格中有两
个完整的脉冲，所以一个脉冲的时间就是0.5ms，对应的频率就是2000Hz。大
家可以试着输出其他频率的声音，或者利用for循环输出一个不断重复变化的
音调。利用for循环的代码可以参考以下内容。

```
void setup()
{
}

void loop()
{
  for(int i = 1000;i < 3000;i++)
  {
    tone(9, i, 500);
    delay(500);
  }
}
```

这个for循环中定义了一个变量i，初始值为1000，如果i的值小于3000，
则在循环中不断增加i的值。

点击**开始模拟**后，就会听到压电蜂鸣器发出的声音越来越尖锐，同时
也能看到方波的频率越来越快，脉宽越来越窄，不过这个过程中占空比一直
是50%。

这里要特别说明一下tone()函数后面为什么要添加一个delay()函数。
按照对于tone()函数的说明，上面的程序可能会被理解为首先产生一定频率
的脉冲500ms（tone()函数的第三个参数），然后停顿500ms，接着产生下
一个脉冲。不过通过模拟我们并没有听到长时间停顿的声音。如果我们将延
时的时间参数缩小，每个音调的时间还会缩短。之所以出现这种情况，是因
为tone()函数的第三个参数是一个预计的输出脉冲的时间，也就是说如果我
们使用tone()函数之后，没有对相应的引脚进行操作，那么这个脉冲输出的
时间就是对应第三个参数的值。但如果使用了tone()函数之后，马上（或是
在第三个参数的时间范围内）对相应的引脚进行操作，那么引脚输出的脉冲
就会发生变化。因此，为了让每一个音调的时间能够达到500ms，我们需要在

tone()函数之后通过delay()函数延时500ms。否则由于在for循环中，代码会马上循环，每一个音调的时间就非常短了。

4.3.4 音 阶

让压电蜂鸣器发声的问题已经解决了，不过目前的状态只能叫做发声，还不能称为演奏。因为目前只是设定一个频率值让发声的组件振动，如何让振动变成一段有旋律的音乐呢？这就需要了解音阶的概念。

上一节中tone()函数的第二个参数是频率值，但在生活中表示一段音乐并不是用频率值，而是用1234567（do re mi fa sol la si）或是CDEFGAB这样的符号。其中，每一个符号表示一个频率值，这些频率值是按照阶梯状递增排列的，因此，这样的符号就称为音阶。

理论上来说只要是频率值按照由低到高或者由高到低以阶梯状排列起来的都叫做音阶。所以1234567（do re mi fa sol la si）或是CDEFGAB这样的符号只是众多音阶的一种，称为自然七声音阶。这是一种使用最广泛的音阶形式，我们看到的乐谱基本都是用自然七声音阶来表示的。那么这种形式中各个音阶与频率值的对应关系是什么呢？

要回答这个问题，还需要了解一个概念——十二平均律。十二平均律又称"十二等程律"，是一种音乐定律方法，简单来讲就是将一个八度音程（八度音指的是频率加倍）按频率比例地分成十二等份，每等份称为一个半音，半音是十二平均律组织中最小的音高距离，全音由两个半音组成。钢琴就是根据十二平均律定音的，大家肯定都注意到了钢琴的琴键是黑白相间的，如图4.15所示。

其中，白键C（do）和D（re）之间是一个全音，所以其中有一个黑键，可

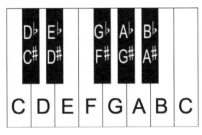

图4.15 钢琴琴键

以表示为D♭或C#，这个音与C、D各相差半音。白键D（re）和E（mi）之间也是一个全音，所以其中也有一个黑键，可以表示为E♭或D#，这个音与D、E各相差半音。之后白键E（mi）和F（fa）之间是半音，所以其中没有黑键。再往后的情况类似，F和G之间、G和A之间、A和B之间都是全音，而B和下一个八度音程的C之间是半音。

国际标准音规定，钢琴中音A的频率是440Hz；又规定每相邻半音的频率比值为2的十二分之一次方，约为1.059463，依据这两个数值，我们就可以得到钢琴上每一个音的频率，见表4.1（这里只列出了高音、中音、低音三个八度音程）。

表4.1　钢琴音调与频率对照表

低音	C	131Hz	中音	C	262Hz	高音	C	523Hz
	C#	139Hz		C#	277Hz		C#	554Hz
	D	147Hz		D	294Hz		D	587Hz
	D#	156Hz		D#	311Hz		D#	622Hz
	E	165Hz		E	330Hz		E	659Hz
	F	175Hz		F	349Hz		F	698Hz
	F#	185Hz		F#	370Hz		F#	740Hz
	G	196Hz		G	392Hz		G	784Hz
	G#	208Hz		G#	415Hz		G#	831Hz
	A	220Hz		A	440Hz		A	880Hz
	A#	233Hz		A#	466Hz		A#	932Hz
	B	247Hz		B	494Hz		B	988Hz

参照表4.1，我们可以尝试利用压电蜂鸣器播放一段简单的音乐。首先在网上找一段乐谱，比如《铃儿响叮当》，如图4.16所示。

图4.16　《铃儿响叮当》的一小节

对照这段乐谱完成的代码如下：

```
void setup()
{

}

void loop()
{
  tone(9, 330, 200);                                    //3
  delay(220);
  tone(9, 330, 200);                                    //3
  delay(220);
  tone(9, 330, 400);                                    //3
  delay(440);

  tone(9, 330, 200);                                    //3
  delay(220);
  tone(9, 330, 200);                                    //3
  delay(220);
  tone(9, 330, 400);                                    //3
  delay(440);

  tone(9, 330, 200);                                    //3
  delay(220);
  tone(9, 392, 200);                                    //5
  delay(220);
  tone(9, 262, 300);                                    //1
  delay(330);
  tone(9, 294, 100);                                    //2
  delay(110);
  tone(9, 330, 800);                                    //3
  delay(880);
}
```

程序中一拍的时间设定为400ms，对应半拍的时间就是200ms。

说　明

Arduino的PWM信号的频率约为490Hz，接近于中音B，大家可以尝试利用PWM输出一个占空比50%的波形，听一下声音。

4.3.5　数　组

现在我们已经能够让压电蜂鸣器播放音乐了（虽然有点简单），不过程序写起来太麻烦了，观察上面的程序可以看出都是使用tone()函数和delay()函数，只是参数不同，那么可以考虑用for循环来完成程序。

如果要使用for循环，还需要了解数组的概念。

数组是一组相同类型的变量集合，这个集合中的变量使用统一的变量名（数组名），用不同的序列号表示不同的变量。数组中的变量称为元素，使用数组最大的好处就是可以通过有序的数列来调用离散的数列或其他类型的元素。

在Arduino中，数组的定义如下：

数据类型　数组名[元素个数];

例如，创建一个音调的数组，则代码为：

```
int toneFreq[7];
```

这里，int为数据类型，表示数组中存储的是int型的数据；toneFreq为数组名，7表示数组中元素的个数（这里我们只包含了中音的1234567七个音阶的频率值）。

定义了数组之后，我们来给数组赋值。像变量一样，定义数组的时候就可以赋值，只需要将所有元素放在一对大括号当中，元素之间用半角的逗号分隔，如下所示：

```
int toneFreq[7] = {262,294,330,349,392,440,494};
```

这里如果大括号中包含了全部元素，还可以省略前面方括号中的数字，如下所示：

```
int toneFreq[] = {262,294,330,349,392,440,494};
```

另外还可以单独给每个元素赋值。单独指定某个元素只需要在数组名后面用方括号加上对应元素的序列号即可。这里要注意，指定数组中元素所需要的序列号是从0开始的。因此，如果单独给数组中的第一个元素赋值，对应代码为：

```
toneFreq[0]  = 262;
```

如果是实现播放音乐的效果，创建数组toneFreq只是最基本的，除此之外，最好再创建一个乐谱的数组和一个节拍的数组，如下：

```
int music[] = {3,3,3,3,3,3,3,5,1,2,3,4,4,4,4,4,3,3,3,3,3,2,2,1,2,5};
int beat[] = {2,2,4,2,2,4,2,2,3,1,8,2,2,3,1,2,2,2,1,1,2,2,2,2,4,4};
```

乐谱的数组用来保存音乐中音调的序列，这里保存的是《铃儿响叮当》的"33333335123444443333322125"这一节。而节拍的数组中保存的是每个音调的时间,这里定义四分之一拍的时间为1。

定义了这三个数组之后，对应播放音乐的代码如下：

```
int toneFreq[7] = {262,294,330,349,392,440,494};

int music[] = {3,3,3,3,3,3,3,5,1,2,3,4,4,4,4,4,3,3,3,3,3,2,2,1,2,5};
int beat[] = {2,2,4,2,2,4,2,2,3,1,8,2,2,3,1,2,2,2,1,1,2,2,2,2,4,4};

void setup()
{

}

void loop()
{
  for(int i = 0; i < 26;i++)
  {
    tone(9, toneFreq[music[i]-1], beat[i]*100);
    delay(beat[i]*110);
  }
}
```

现在虽然代码短了，但是演奏的时间却比原来长了，这就是使用数组的好处。在代码中还有一个数组的嵌套，在设定声音频率时，首先在music数组中找到对应的音阶，然后通过这个音阶的值再在toneFreq数组中找到对应的频率值，由于数组元素是从0开始算，所以代码中要将music[i]-1。

下面我们再来调整一下这个项目，在图4.16中能看到这段乐谱有两个旋律，因此，可以再添加一个压电蜂鸣器来播放另一个旋律，对应的硬件连接如图4.17所示。

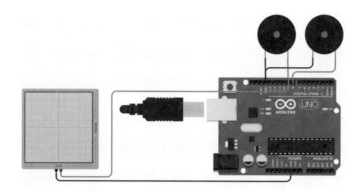

图4.17　再添加一个压电蜂鸣器

这里将另一个压电蜂鸣器连接到引脚8，对应的程序如下：

```
int toneFreq[7] = {262,294,330,349,392,440,494};

int music[] = {3,3,3,3,3,3,3,5,1,2,3,4,4,4,4,4,3,3,3,3,3,2,2,1,2,5};
int beat[] = {2,2,4,2,2,4,2,2,3,1,8,2,2,3,1,2,2,2,1,1,2,2,2,2,4,4};

                                        //定义第二个旋律的音调数组
int music2[] = {1,1,1,1,1,1,1,3,1,2,1,1,1,1,1,1,3,3,3,3,3,2,2,1,1,2};

void setup()
{

}

void loop()
{
  for(int i = 0; i < 26;i++)
  {
    tone(9, toneFreq[music[i]-1], beat[i]*100);
    tone(8, toneFreq[music2[i]-1], beat[i]*100);       //播放第二个旋律
    delay(beat[i]*110);
  }
}
```

至此，播放音乐的例子就完成了，同时本章关于方波输出的内容也告一段落。本章我们介绍了三种输出方波的形式，这三种形式表示不同的数据内容，分别是占空比、脉宽和频率。理解了方波输出有助于理解单片机的串行通信。

第5章　方波的接收与处理

　　Arduino能够输出不同形式的方波，当然也能处理不同形式的方波，利用方波能够加大传递的数据量。现在所有数字设备基本都是利用方波来传递数据的，当然这其中也有多种方波形式的定义，其中最基本的还是测量方波的脉冲宽度，前面提到的占空比、频率等都要基于脉冲宽度来计算。测量脉冲宽度的操作和伺服电机对方波的处理方式相同，那么在Arduino是如何实现的呢？

5.1　超声波传感器

　　通过脉宽来传递数据最典型的组件就是超声波传感器。与Arduino配合使用最常用的是型号为HC-SR04的超声波传感器，这个传感器前面有两个像眼睛一样的金属色圆柱，圆柱顶面有网格，这两个圆柱是用来发送和接收超声波的，传感器正下方有4个引脚，分别是电源、地、Trig和Echo，其中，Trig是触发引脚，Echo是反馈引脚。

5.1.1　超声波传感器的工作原理

　　超声波传感器的工作原理像蝙蝠一样，蝙蝠首先向前方发射一段超声波，然后看多长时间能够收到反射回来的超声波，以此来判断前方物体的距离。而超声波传感器的工作流程是首先通过Trig引脚的触发信号启动测距工作（不启动的话超声波传感器是不会发射超声波的，利用这个特点能够用多个超声波传感器针对不同方向进行测距），启动之后就是发送、接收超声波的过程，这个过程不需要我们具体实现，所以只需要大概知道原理即可，最后是通过Echo引脚以脉冲的形式返回测得的距离值。

5.1.2　超声波传感器的硬件连接

　　理解了超声波传感器的工作原理之后，本节将使用Arduino来处理超声波传感器返回的脉冲信号。

首先在组件区选取一个四脚的超声波传感器（组件区中还有一种三脚的超声波传感器，三脚传感器是将Trig引脚和Echo引脚结合在一起，控制的时候先发送触发信号，然后用同样的引脚接收反馈信号，本书中使用的都是四脚的超声波传感器），然后将传感器和控制板连在一起，如图5.1所示。

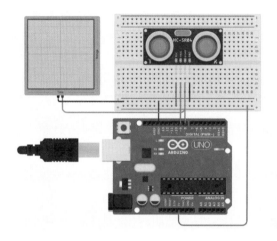

图5.1　连接超声波传感器

图5.1中的组件区能够看到有两种超声波传感器。这里我们先来熟悉在模拟环境中如何使用超声波传感器，图5.1中增加了一个示波器，同时将超声波传感器的Echo引脚连接到示波器上。

5.1.3　超声波传感器的反馈信号

超声波传感器的触发信号是一个持续时间不小于10μs的高电平，返回信号的高电平持续时间是超声波从发射到接收的时间，因此对应前方物体的距离就是

$$前方物体的距离 = 高电平持续时间 \times 340m/s \div 2$$

说　明

340m/s是声音在15℃空气中的传播速度。声音在不同介质的传播速度是不一样的。通常是固体中的传播速度＞液体中的传播速度＞气体中的传播速度。比如，声音在25℃蒸馏水中的传播速度为1497m/s，而在冰中的传播速度为3230m/s。另外，声音的传播速度还和介质的温度有关。比如，声音在0℃空气中的传播速度为331m/s，而在25℃空气中的传播速度为346m/s。

通常将速度大于340m/s的状态称为超音速，小于340m/s的状态称为亚音速，一般认为大于5倍音速的速度为高超音速。

注意：超声波是指频率超过人耳听力范围的声音，它只是频率高，但传播的速度在同样的介质、同样的温度下是不变的。

距离的计算我们稍后再进行，目前先让Arduino的9脚不断输出高电平脉宽10μs的脉冲以启动超声波传感器进行距离测量，对应的程序如下：

```
void setup()
{
  pinMode(8,INPUT);                              //8脚接收反馈信号
  pinMode(9,OUTPUT);                             //9脚发送触发信号
}

void loop()
{
  digitalWrite(9,HIGH);
  delayMicroseconds(10);
  digitalWrite(9,LOW);

  delay(100);                                    //避免触发太频繁
}
```

点击**开始模拟**运行程序后，设定好示波器的每次分割时间，应该就能够看到传感器反馈的脉冲信号了。

在Tinkercad仿真环境中，点击超声波传感器之后，能看到传感器上方出现一个扇形的区域，如图5.2所示，这个扇形区域的中间有一个绿色的圆点，这个扇形区域就是超声波传感器的测量区域，这个圆点表示的就是前方的物体（这里使用的超声波传感器测距范围是2~300cm）。

通过鼠标可以拖拽这个圆点，这也是Tinkercad仿真环境体验非常好的一点。当我们拖拽圆点的时候，能看到示波器当中的脉冲宽度也会随之变化（这里设置的示波器每次分割时间为10ms），同时在传感器上方（传感器与扇形区域之间）会显示当前模拟情况下前方物体与传感器的距离，单位分别为in和cm。

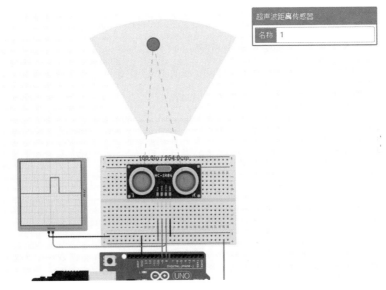

图5.2　查看超声波传感器的反馈信号

5.2　串行通信

在继续超声波传感器应用的内容之前，需要先介绍Arduino的串行通信。串行通信可以理解成另一种特殊的方波信号，这种方波信号不是仅仅依靠一个脉冲来传递信息，而是通过多个脉冲来表达0和1的数字信号序列，通信双方按照同样的规则来解读这个由0和1组成的数字信号序列，由此进行信息传递。

5.2.1　串行通信的约定

在串行通信中，"双发约定好"这一点非常重要，因为从实质上来讲，通信的信号就是一堆0和1的数字，如果没有约定好这些0和1的组合所代表的意义，那么双方是不可能知道对方所发送信息的含义的。

串行通信中的"约定"包含两方面，一方面是双方的通信速率要一致，这保证了传送内容的正确；另一方面是信号的编码要一致，这保证了对传送内容的编解码是一致的，通常都是按照ASCII码对信息进行编解码。

在串行通信中通信速率是指单位时间内传输的信息量，可用比特率和波特率来表示。

比特率是指每秒传输的二进制位数，用bps（bit/s）表示。波特率是指每秒传输的符号数，如果每个符号所含的信息量为1比特，则波特率等于比特率。

常用的波特率有110、300、600、1200、2400、4800、9600、19200、38400、115200等，最常用的是9600。

5.2.2 通过串行通信发送数据

Arduino通过串行通信能够给计算机发送信息，而在Tinkercad仿真环境中，模拟的Arduino发送的信息会在软件中虚拟的串行监视器上显示，如图5.3所示。

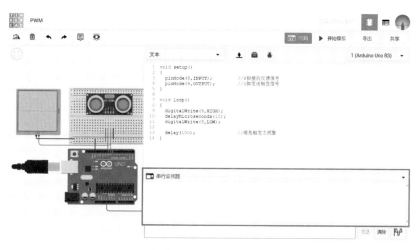

图5.3　在代码的区域打开串行监视器

程序方面，Arduino中串行数据的发送不需要一个脉冲一个脉冲地去设置，只需要使用Serial对象的几个方法就能够完成。发送数据最主要的几个方法如下：

（1）begin()，方法的功能是初始化串行端口，方法需要一个参数来指定串行通信的波特率，通常这个参数都设置为9600。

（2）write()，方法的功能是按照十六进制的形式发送单个数据，使用时需要带一个参数，即所要发送的数据。

（3）print()，方法的功能是发送一串字符或者按照指定格式发送单个数据，方法需要两个参数，第一个参数是要发送的字符串或数据，第二个参数是发送数据的格式，有二进制（BIN）、十六进制（HEX）、八进制（OCT）

等，该参数也可以不写，默认为十进制。注意：该方法是将所发送数据的对应形式转换成ASCII码发送

（4）println()，方法的功能及用法和print()相似，唯一不同是这个方法会在数据结尾加一个换行符。

使用对象的方法需要先写对象名，然后在符号"."之后加上方法名。由此我们先来完成一个通过串行端口发送"hello"的程序，对应代码如下：

```
void setup()
{
  Serial.begin(9600);
}

void loop()
{
  Serial.println("hello");
  delay(500);                              //避免发送太频繁
}
```

这里初始化的方法放在setup()函数中，运行程序后效果如图5.4所示。

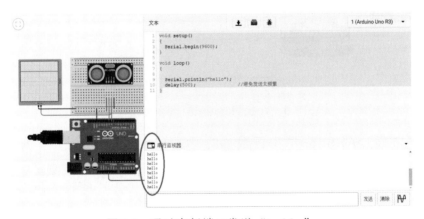

图5.4　通过串行端口发送"hello"

此时就能看到在下方的串行监视器中不断出现字符串"hello"。注意：此时使用的是println()方法，所以每个"hello"占一行。如果使用的是print()方法，则运行效果如图5.5所示。

图5.5 以`print()`函数发送hello

图5.5中能看到所有"`hello`"都是连在一起的。

5.2.3　显示传感器测量的距离值

在实现了通过串行通信发送数据之后，本节我们继续超声波传感器应用的内容。接下来实现的功能就是在串行监视器中显示测量的距离值。这里要介绍一个新的函数——`pluseIn()`，这个函数的功能是测量脉冲的时间，返回值的单位是μs。函数有两个参数，第一个参数是测量脉冲的引脚，第二个参数设定测量高电平的脉冲还是低电平的脉冲，如果测量高电平的脉冲则该参数值为`HIGH`，如果测量低电平的脉冲则参数值为`LOW`。

首先调整程序以实现输出脉宽时间的功能，对应的代码如下：

```
void setup()
{
  Serial.begin(9600);
  pinMode(8,INPUT);                          //8脚接收反馈信号
  pinMode(9,OUTPUT);                         //9脚发送触发信号
}

void loop()
{
  digitalWrite(9,HIGH);
  delayMicroseconds(10);
  digitalWrite(9,LOW);

  int distance = pulseIn(8,HIGH);
```

```
Serial.println(distance);

delay(500);                                              //避免发送太频繁
}
```

程序中我们新建了一个变量distance，保存脉宽的时间，运行程序后，就会在串行监视器中显示测量的时间值，如图5.6所示。

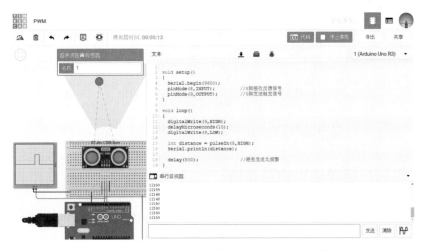

图5.6　在串行监视器中显示脉宽的时间值

这个时间的单位是μs，如果调整超声波传感器上方绿点的位置，就能看到显示的脉宽时间数值在变化。接下来就是将这个脉宽的时间值转换为对应的距离值，前面我们介绍过超声波传感器测量前方物体的距离值与高电平脉宽时间之间的关系如下：

前方物体的距离 = 高电平持续时间 × 340m/s ÷ 2

不过这里时间的单位是s，距离值单位为m。而pluseIn()函数返回值的单位是μs，我们想要的距离值单位是cm。为此需要将上面的公式进行单位统一，如果距离用D表示，时间用T表示，则对应的公式为

$$D = T \times \frac{34000\text{cm}}{1000000\text{μs}} \div 2 = T \times 0.017$$

由此，如果要显示距离值，则对应的代码如下：

```
void setup()
{
  Serial.begin(9600);
  pinMode(8,INPUT);                                      //8脚接收反馈信号
```

```
  pinMode(9,OUTPUT);                                    //9脚发送触发信号
}

void loop()
{
  digitalWrite(9,HIGH);
  delayMicroseconds(10);
  digitalWrite(9,LOW);

  Serial.print("distance: ");
  float distance = pulseIn(8,HIGH) * 0.017;
  Serial.print(distance);
  Serial.println("cm");

  delay(500);                                           //避免发送太频繁
}
```

这段代码中利用print()函数和println()函数增加了一些文本信息，首先是显示"distance:"，显示完这行字符串之后不换行，这样之后的距离值就会跟在"distance:"之后，显示了距离值之后也不换行，程序中还增加显示距离的单位"cm"，显示完距离单位之后才换行（这里用的是println()函数）。因此，最后显示距离值时格式为"distance:xxx　cm"，效果如图5.7所示。

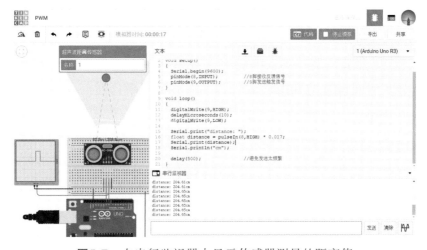

图5.7　在串行监视器中显示传感器测量的距离值

注意：这里变量distance的类型变成了float，因此，显示的数值是带小数的。至此，超声波传感器测距并显示的例子就完成了。

5.3　红外遥控器

现实中Arduino发送串行数据是通过引脚1完成的（在引脚1上有TX的标识），所以如果在引脚1连接一个示波器能够看到电平形式的通信内容。在Tinkercad仿真环境中，虽然是模拟的Arduino发送信息给软件中虚拟的串行监视器，但依然能够通过示波器看到串行通信中数据的电平形式。这说明Tinkercad仿真环境是真的模拟Arduino硬件平台的整个工作过程，做得相当细致。在上面的示例中如果在引脚1连接一个示波器，当**开始模拟**之后就会看到图5.8所示的效果。

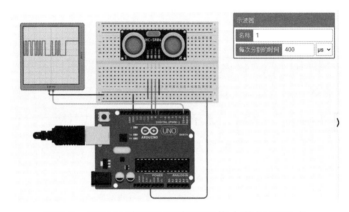

图5.8　通过示波器查看串行通信中数据的形式

由于程序中设置的波特率为9600，即9600bit/s，因此，一个比特的时间约为104μs，这里为了能够在示波器的一个界面中看到更多比特的数据，将示波器的每次分割时间设置为400μs。图5.8中能够看到串行通信发送的数据是宽度不一的一串脉冲。

串行通信具体的信号格式定义本书不会深入展开，大家只要了解串行通信的信号是这种通过多个脉冲来表达0或1的数字信号序列就可以了。

本节会深入介绍一种看上去和串行通信很类似的数据传输形式——红外遥控。

5.3.1　红外遥控器与红外接收模块

红外遥控器是我们生活中常用的一种电子器件，家里的电视、空调均有红外遥控器的身影，这是广泛采用的一种无线通信方式。其工作原理是按照一定的数字编码（也是由多个表达0或1的脉冲组成的数字信号序列）发送对应的红外线，即当数字编码为高电平时发射红外线，当数字编码为低电平时不发送红外线。

与红外遥控器对应的接收模块叫做红外传感器，红外传感器中包含红外接收二极管、放大器、滤波器、积分电路、比较器等，接收到红外线之后能够转换为相应的电平信号。可以简单理解为红外传感器接收到红外线时输出高电平，没有接收到红外线时输出低电平。一个遥控器上每个按键的编码都是不一样的，红外传感器接收到信号之后就会输出对应的编码信号。

5.3.2　硬件连接

红外传感器上方黑色的部分有一面有一个半球形的突起，这就是接收红外线的部分，现实中使用遥控器的时候最好将遥控器对准这个突起。传感器有三个引脚，若将半球形的突起面对自己，这三个引脚从左向右分别是信号输出、地和电源。

首先在组件区选取一个红外传感器和一个红外遥控器，红外遥控器不需要连接，摆在项目操作区即可，而红外传感器需要连接，对应地将红外传感器的信号输出、地和电源连接到Arduino Uno的引脚11、GND和5V。连接之后如图5.9所示。

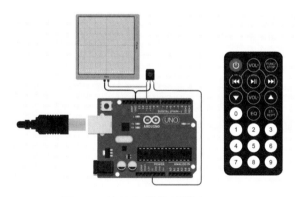

图5.9　连接红外传感器与Arduino

同样这里也添加了一个示波器。硬件连接完成后，还是先来看一下红外传感器输出信号的形式。

点击**开始模拟**，然后点击遥控器上的按键，这时就能在示波器上看到一串脉冲，如图5.10所示。

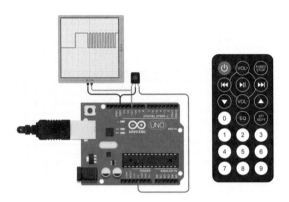

图5.10　红外传感器输出的信号形式

5.3.3　数字编码定义

红外遥控器的数字编码由引导码、用户码、数据码和数据反码组成。引导码从一个较宽的高电平脉冲开始，脉宽约为4.7ms，图5.10中最前面的高电平脉冲即为起始脉冲（引导码）。引导码之后的用户码、数据码和数据反码均是由一串高电平脉冲组成，其中用户码是16位，数据码8位，数据反码与数据码相对也是8位。这一串高电平脉冲中，脉冲较宽的表示数据1，脉冲较窄的表示数据0，图5.10中在引导码之后的8个高电平脉冲均是脉宽较窄的脉冲，表示数据0，而图5.10中示波器上显示的最后一个高电平脉冲就是脉宽较宽的脉冲，表示数据1。一种遥控器的用户码是不变的。因此，只要识别数据码就能知道按下的是哪个按键。

为了直观地了解红外遥控器的数字编码，可以利用pluseIn()测量对应的脉冲宽度。编程思路是不断测量高电平的脉冲宽度，当完全接收了32个脉冲之后，统一将每个脉冲时间显示出来，对应代码如下：

```
int i = 0;
int date[33];                           //保存引导码以及之后32个脉冲的脉宽

void setup()
{
  Serial.begin(9600);
  pinMode(11, INPUT);
```

```
}

void loop()
{
  int pulseTime = pulseIn(11,HIGH);                    //不断测量高电平脉宽
  if(pulseTime > 0)
  {
    date[i] = pulseTime;                               //将脉宽保存在数组中
    i++;

    if(i == 33)                                        //当完全接收了32个脉冲之后显示脉宽
    {
      for(i = 0;i < 33;i++)
      {
        Serial.print(i);
      Serial.print(":");
      Serial.println(date[i]);
      }
      i = 0;
    }
  }
}
```

    程序中定义了一个包含33个元素的数组，用来保存引导码以及之后32个脉冲的脉宽。然后在loop()函数中会不断测量脉冲宽度，只有当测量了33个高电平脉冲宽度之后，才会利用for循环显示数组中的内容。在显示的时候利用变量i输出一个数据的编号，这样有助于之后分析数据。程序运行后效果如图5.11所示。

    在程序模拟运行时，当按下遥控器上的按键，首先会看到示波器上出现一串脉冲，然后在串行监视器中会逐个输出每个脉冲的宽度。通过观察这些数值能够发现，除了第一个脉冲宽度为4700左右（4.7ms），剩下的基本只有两个值，一个值是587左右，另一个值是1780左右（单位均为μs）。假定1780左右的表示数值1，587左右的表示数值0，这样就能得到对应红外遥控器的数字编码，另外可以只截取8位数据码，由此我们调整一下代码，当按下遥控器按键时，在串行监视器中输出表示某个按键的二进制值和十进制值。对应程序如下：

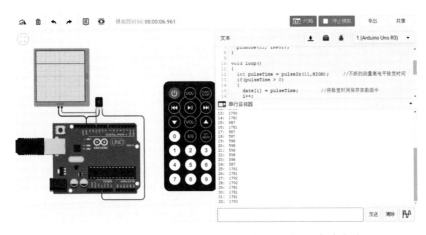

图5.11　测量红外遥控器的数字编码对应的脉冲宽度

```
int i = 0;
int date[33];                                    //保存引导码以及之后32个脉冲的脉宽
byte cmd;                                         //保存数据码

void setup()
{
  Serial.begin(9600);
  pinMode(11, INPUT);
}

void loop()
{
  int pulseTime = pulseIn(11,HIGH);              //不断测量高电平脉宽
  if(pulseTime > 0)
  {
    date[i] = pulseTime;                         //将脉宽保存在数组中
    i++;

    if(i == 33)                                  //当完全接收了32个脉冲之后显示脉宽
    {
      cmd = 0;
      for(i = 17;i < 25;i++)                     //提取数据码
      {
        if(date[i] > 1200)
          cmd = cmd*2 +1;
        else
          cmd = cmd*2;
      }
      Serial.print(cmd,BIN);                     //以二进制形式显示数据码
```

```
        Serial.print("  ");
        Serial.println(cmd);                      //以十进制形式显示数据码
        i = 0;
      }
    }
  }
```

程序中我们做了一个判断，当脉宽大于1200的时候表示数值1，小于1200的时候表示数值0，最后的数据码保存在变量cmd中。程序运行效果如图5.12所示。

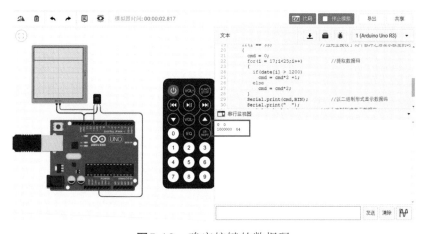

图5.12　确定按键的数据码

图5.12中显示了两个按键的数据码，分别是红外遥控器左上角的开机键和右上角的FUNC/STOP键，对应的数值为0和64。大家可以试一试其他按键对应的数据码是多少。

5.3.4　红外遥控LED灯

本节基于以上内容完成一个红外遥控LED灯的示例，硬件方面控制Arduino Uno上板载的LED灯即可，这样便省去了硬件连接的过程。具体实现的功能就是当按下红外遥控器的开机键时点亮Arduino板载LED，当按下红外遥控器的FUNC/STOP键时熄灭LED，对应代码如下：

```
int i = 0;
int date[33];                                     //保存引导码以及之后32个脉冲的脉宽
byte cmd;
```

```
void setup()
{
  Serial.begin(9600);
  pinMode(11, INPUT);
  pinMode(13, OUTPUT);
}


void loop()
{
  int pulseTime = pulseIn(11,HIGH);                    //不断测量高电平脉宽
  if(pulseTime > 0)
  {
    date[i] = pulseTime;                               //将脉宽保存在数组中
    i++;

    if(i == 33)                                        //当完全接收了32个脉冲之后显示脉宽
    {
      cmd = 0;
      for(i = 17;i < 25;i++)                           //提取数据码
      {
        if(date[i] > 1200)
          cmd = cmd*2 +1;
        else
          cmd = cmd*2;
      }
      Serial.print(cmd,BIN);                           //以二进制形式显示数据码
      Serial.print("  ");
      Serial.println(cmd);                             //以十进制形式显示数据码
      i = 0;

      if(cmd  == 0)                                    //判断数据码的值
        digitalWrite(13,HIGH);
      if(cmd == 64)
        digitalWrite(13,LOW);
    }
  }
}
```

代码中红色的部分即为新增加的内容。这部分都是对数字引脚的基本操作，比较好理解，这里就不专门介绍了。

5.3.5 红外遥控的库

看过以上内容，是不是感觉使用红外遥控非常麻烦，针对这种情况，在Arduino当中有对应的库文件。点开代码编辑中的"库"按钮，在其中找到IRremote（用于解码红外传感器的库），鼠标点击前面的"包含"按钮即可将红外遥控的库包含在程序中，如图5.13所示。

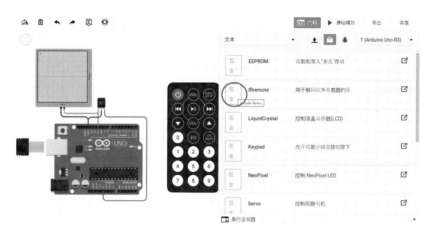

图5.13 找到红外遥控的库IRremote

此时代码中就会包含一行#include<IRremote.h>。使用红外遥控的库有一套较为标准的示例代码，下面我们就结合以下代码来介绍如何使用IRremote库中的函数。

```
1   #include <IRremote.h>
2
3   IRrecv irrecv(11);
4   decode_results results;
5
6   void setup()
7   {
8     Serial.begin(9600);
9     irrecv.enableIRIn();                        //使能红外接收输入
10    pinMode(13, OUTPUT);
11  }
12
13  void loop() {
14    if (irrecv.decode(&results))
15    {
16      Serial.println(results.value,HEX);
```

                                                  //显示按键的值（包括用户码、数据码和数据反码）

```
17
18      if(results.value == 0xFD00FF)                    //开灯的按键值
19        digitalWrite(13, HIGH);
20
21      if (results.value == 0xFD40BF)                   //关灯的按键值
22        digitalWrite(13, LOW);
23
24      irrecv.resume();                                 //接收下一个值
25    }
26  }
```

这段代码实现的依然是红外遥控LED灯的功能，去除其中红色的部分就是较为标准的示例代码了。对于标准示例代码解释内容如下：

（1）第1行，使用红外遥控库中的内容必须先包含IRremote.h库。

（2）第3行，在红外遥控的库中有一个IRrecv类，要定义一个IRrecv类的对象，对象名这里定为irrecv，定义对象的时候有一个参数，参数设定了用来接收红外遥控信号的引脚，因为在硬件连接中红外传感器的信号输出连接Arduino Uno的引脚11，所以这个参数为11。

（3）第4行，定义一个保存解码结果decode_results类的对象，对象名为results。

（4）第9行，在setup()函数中使用对象irrecv的enableIRIn()方法来使能红外接收输入。

（5）第14行，判断是否收到新的信号，如果有信号则使用irrecv对象的decode()方法对收到的新信号进行解码，解码的结果保存在对象results中。

（6）第16行，显示按键的值，这个值通过results对象的value属性可以获得，注意这里显示的值包括用户码、数据码和数据反码。

（7）第24行，使用irrecv对象的resume()方法继续接收红外线信号。

（8）18~22行是对按键信息的处理，通过比较按键的值来进行相应的操作。这段程序是控制引脚电平的高低，以实现控制LED亮灭的效果。

运行程序后效果如图5.14所示。

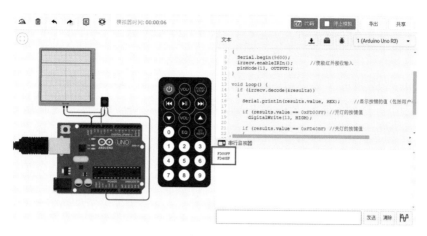

图5.14 运行使用红外遥控库的程序

此时当我们按下按键就会在串行监视器中出现对应的按键值，图5.14中显示的分别是红外遥控器左上角的开机键和右上角的FUNC/STOP键，对应的数值为0xFD00FF和0xFD40BF。前面也说了，这个值包含用户码、数据码和数据反码，这两个值当中前面的FD是用户码，后面的00和40是数据码，对应的十进制值是0和64。最后两位是数据码的反码，00的反码是FF，40的反码是BF。同样，大家也可以试一试其他按键对应的数值是多少。

第6章　多样的串行通信

通过前两章的例子你是不是觉得输出脉冲原来可以这么强大，不过其中的红外遥控和串行通信又与之前的PWM输出、控制伺服电机、控制压电蜂鸣器发声不同，前面的示例都是利用单个脉冲的属性，而后面的示例都是通过一串宽窄不同的脉冲来传递更多信息。其实从广义的角度来说，将数字信息以脉冲的形式一位一位发送的方式都可以称为串行通信。

串行通信是和并行通信相对的概念，并行通信是一组数据的各数据位在多条线上同时传输，适合短距离、高效率的数据传输。而串行通信基于单条数据线，会将数据一位一位依次传输，只需要少数几条线就能够传递信息，主要用于计算机与计算机、计算机与外设之间的远距离通信。串行通信由于数据传输时格式定义不同也有很多种应用，本章再介绍几种串行通信形式。

6.1　移位寄存器

为了更直观地表现串行通信的形式，本节从一个通过简单串行通信就能控制的芯片入手。这个芯片被称为74HC595移位寄存器，如图6.1所示，其中74HC595是这个芯片的型号，而移位寄存器是这个芯片实现的功能。这是一种能够将串行输入的数据变成并行输出形式的组件。

图6.1　74HC595芯片外观

6.1.1 74HC595引脚定义

同样，在使用芯片之前，还是要先阅读芯片的数据手册，了解芯片各个引脚的定义。74HC595各引脚的定义如图6.2所示。

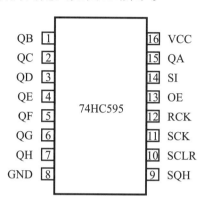

图6.2 74HC595各引脚的定义

对应各引脚的功能说明见表6.1。

表6.1 74HC595引脚功能说明

引 脚	定 义	说 明
1~7	QB~QH	并行数据输出引脚
8	GND	电源地
9	SQH	串行数据输出，级联时接到下一个74HC595的SI引脚
10	SCLR	复位，低电平有效
11	SCK	串行数据输入时钟线
12	RCK	输出锁存时钟线
13	OE	输出使能，通常置为低，即始终输出
14	SI	串行数据输入引脚
15	QA	并行数据输出引脚
16	VCC	电 源

6.1.2 74HC595工作原理

结合芯片的引脚定义这里具体说明一下74HC595的工作原理。74HC595采用的串行通信形式与红外遥控不同，也和Arduino与计算机之间的串行通信不同，74HC595的串行通信中有一个时钟线SCK。在红外遥控的串行通信方式中，接收端是依靠脉冲的宽窄来区分0和1的，而在74HC595中需要依靠时钟线。芯片会在时钟线上每一个脉冲的上升沿读取引脚SI的值，如果此时SI为低，则对应的值为0，反之对应的值就是1。由于只有时钟线上的脉冲才会触发芯片接收数据，所以一般也称时钟线上的脉冲为"时钟"。最后接收完数据，将RCK置高，控制芯片从并行数据输出引脚将数据输出。

下面通过实际操作来演示74HC595的工作原理。为了直观地看到74HC595的输出，我们需要在并行输出的每个引脚都连接一个LED及限流电阻，需要的组件数量为：

· Arduino主控板，1块

· LED灯，8个（颜色随意）

· 330Ω电阻，8个

· 74HC595，1片

· 小型面包板，1块

先将这些组件放在项目操作区，并将LED和电阻连接好，如图6.3所示。

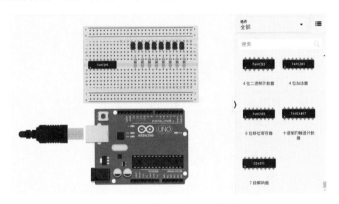

图6.3　将组件放在项目操作区

然后将74HC595的QA~QH引脚从左到右对应连接到8个LED上，即最左边的LED显示QA的状态，最右边的LED显示QH的状态。同时将Arduino的5V和GND连接到小面包板两侧，连接之后如图6.4所示。

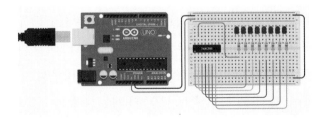

图6.4　将74HC595的QA~QH引脚从左到右对应连接到8个LED上

　　最后将74HC595的其他引脚连接好，这里GND和VCC分别连接到GND
和5V，SCLR连接到5V（不用复位），SCK连接到Arduino Uno的数字引脚7，
RCK连接到Arduino Uno的数字引脚6，OE连接到GND（始终输出），SI连接
到Arduino Uno的数字引脚5。同时将LED的负极连接到GND，连接完成后如
图6.5所示。

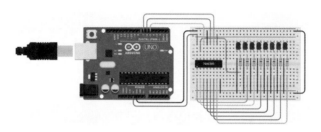

图6.5　将74HC595的其他引脚连接好

　　硬件连接完成之后来看程序。依照芯片工作原理，74HC595会在每个时钟
上升沿读取SI的值。最后将RCK置高，将数据并行输出。先尝试传递一个数据
给74HC595，对应程序如下：

```
int rck = 6;
int si = 5;
int sck = 7;

void setup()
{
  pinMode(rck, OUTPUT);                              //将引脚设置为输出
  pinMode(si, OUTPUT);
  pinMode(sck, OUTPUT);

  digitalWrite(rck, LOW);                            //初始的时候将rck和sck置低
  digitalWrite(sck, LOW);

  digitalWrite(si, HIGH);                            //将数据输入SI置高

  digitalWrite(sck, HIGH);                           //产生一个时钟脉冲
  digitalWrite(sck, LOW);

  digitalWrite(rck, HIGH);                           //并行输出显示
}

void loop()
```

```
    {

    }
```

　　程序中首先定义了三个变量保存引脚的值，利用这种方式能够让程序更加容易阅读。在SI为高的情况下，只发送了一个时钟，因此只传递了一位数据给芯片，此时对应的显示效果如图6.6所示。

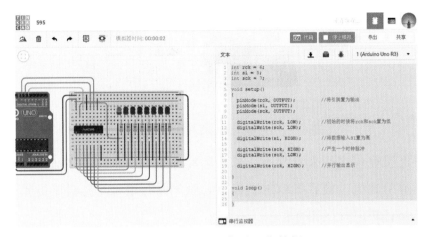

图6.6　只给芯片传递一位数据

　　此时能看到左边第一个LED亮了，说明传递的第一位数据对应QA。接下来，我们对上面的程序稍作修改，在保持SI为高的情况下，多发送几个时钟，比如发送4个时钟，对应程序如下：

```
int rck = 6;
int si = 5;
int sck = 7;

void setup()
{
  pinMode(rck, OUTPUT);                              //将引脚设置为输出
  pinMode(si, OUTPUT);
  pinMode(sck, OUTPUT);

  digitalWrite(rck, LOW);                            //初始的时候将rck和sck置低
  digitalWrite(sck, LOW);

  digitalWrite(si, HIGH);                            //将数据输入SI置高

  for(int i = 0; i < 4;i++)
```

```
    {
      digitalWrite(sck, HIGH);                          //产生时钟脉冲
      digitalWrite(sck, LOW);
    }

    digitalWrite(rck, HIGH);                            //并行输出显示

}

void loop()
{

}
```

此时程序运行的效果如图6.7所示。

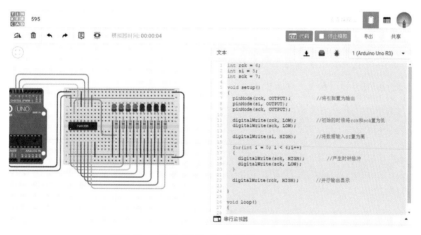

图6.7　多发送几个时钟给74HC595

尝试一些其他的数据就能够发现，发送几个时钟就会点亮几个LED，这说明确实传递了对应位数的数据给芯片。那是不是说位数多的时候是第一位给了QA，第二位给了QB，第三位给了QC呢？我们再来做一个测试，这次在发送了一个时钟之后，将SI置低，看看是什么效果，对应代码如下：

```
int rck = 6;
int si = 5;
int sck = 7;

void setup()
{
  pinMode(rck, OUTPUT);                                //将引脚设置为输出
```

```
  pinMode(si, OUTPUT);
  pinMode(sck, OUTPUT);

  digitalWrite(rck, LOW);                    //初始的时候将rck和sck置低
  digitalWrite(sck, LOW);

  digitalWrite(si, HIGH);                    //将数据输入SI置高

  digitalWrite(sck, HIGH);                   //产生时钟脉冲
  digitalWrite(sck, LOW);

  digitalWrite(si, LOW);                     //将数据输入SI置低

  for(int i = 0; i < 4;i++)
  {
    digitalWrite(sck, HIGH);                 //产生时钟脉冲
    digitalWrite(sck, LOW);
  }

  digitalWrite(rck, HIGH);                   //并行输出显示

}

void loop()
{

}
```

程序运行效果如图6.8所示。

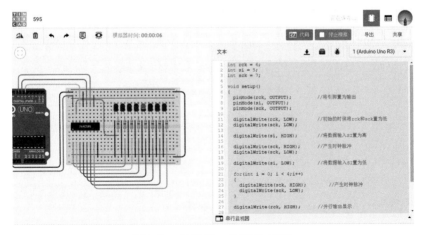

图6.8　只发送一位高的情况

这里我们能看到QA对应的LED并没有亮，说明对应的数据是一位一位向前移动的，即在第一个时钟，把数据传给了QA对应的位置，在第二个时钟，新的数据还是给了QA对应的位置，而QA原本的数据移到了QB，那么当再来一个时钟的时候，新的数据依然还是给了QA对应的位置，而QA原本的数据移到了QB，QB原本的数据移到了QC，依次类推。正是因为这个特性，所以这个芯片的名称叫做移位寄存器。

6.1.3　74HC595的级联

也许有人会问，QH的数据是怎么处理的？实际上QH的数据会传递给SQH，因此，如果将第一个74HC595的SQH连接到第二个74HC595的SI，如图6.9所示。那么当数据从第一个74HC595移出的时候就会移入第二个74HC595，最终就能实现16位的并行输出。这种将两个芯片（或者多个芯片）串起来使用的方式称为芯片的级联。

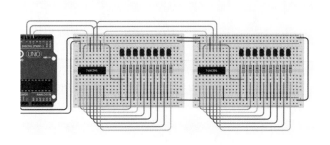

图6.9　74HC595的级联

这里两片74HC595的RCK和SCK是连接到一起的。级联是74HC595的一个特别大的优势，理论上只需要使用3个引脚就能同时控制无限多个数字引脚输出。比如在第3章介绍的数码计数器，当时驱动两个数码管显示使用了8个引脚（还是在使用了译码芯片CD4511的情况下），如果使用74HC595，那么不管驱动多少个数码管都只需要占用Arduino的3个引脚。本节我们就通过74HC595制作一个包含4个数码管的时钟，对应的硬件连接如图6.10所示。

这里考虑到不想程序太复杂，所以还是使用了译码芯片CD4511，这样一个74HC595就能控制两个数码管的显示，否则一片74HC595的8个引脚只能连接一个数码管。

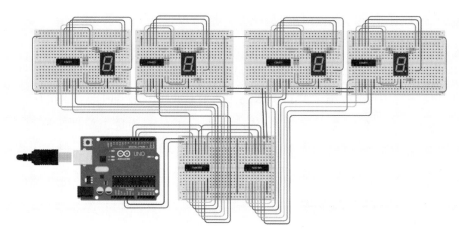

图6.10　四位数码时钟硬件连接图

硬件连接中，QA~QD引脚控制"时"或"分"十位的显示，QE~QH引脚控制"时"或"分"个位的显示。具体的连接关系见表6.2。

表6.2　74HC595 与 CD4511输入输出的对应连接关系

第一片74HC595的输出（左侧）	QA	第一片CD4511的输入	A3
	QB		A2
	QC		A1
	QD		A0
	QE	第二片CD4511的输入	A3
	QF		A2
	QG		A1
	QH		A0
第二片74HC595的输出(右侧)	QA	第三片CD4511的输入	A3
	QB		A2
	QC		A1
	QD		A0
	QE	第四片CD4511的输入	A3
	QF		A2
	QG		A1
	QH		A0

这里第一片CD4511连接的数码管显示小时数值的十位，第二片CD4511连接的数码管显示小时数值的个位，第三片CD4511连接的数码管显示分钟数值的十位，第四片CD4511连接的数码管显示分钟数值的个位。

程序可以分为两部分，一部分是显示，一部分是计时。我们先来看显示的部分。

参考3.2.6节的程序，显示部分的程序如下：

```
int timeH = 12;                        //设置时间中小时的数据为12，即12点
int timeM = 34;                        //设置时间中分钟的数据为34，即34分

int rck = 6;
int si = 5;
int sck = 7;

void setup()
{
  pinMode(rck, OUTPUT);                          //将引脚设置为输出
  pinMode(si, OUTPUT);
  pinMode(sck, OUTPUT);

  digitalWrite(rck, LOW);                  //初始的时候将rck和sck置低
  digitalWrite(sck, LOW);
}

void loop()
{
  digitalWrite(rck, LOW);

  int temp = timeM%10;                  //通过除法运算获取个位的数值
  for(int i = 0;i < 4;i++)
  {
    if(temp%2)                                      //设置SI的状态
      digitalWrite(si, HIGH);
    else
      digitalWrite(si, LOW);

    digitalWrite(sck, HIGH);                        //产生时钟脉冲
    digitalWrite(sck, LOW);

    temp = temp/2;
  }

  temp = timeM/10;                      //通过求余运算获取十位的数值
  for(int i = 0;i < 4;i++)
  {
    if(temp%2)                                      //设置SI的状态
      digitalWrite(si, HIGH);
    else
```

```
    digitalWrite(si, LOW);

    digitalWrite(sck, HIGH);                          //产生时钟脉冲
    digitalWrite(sck, LOW);

    temp = temp/2;
  }

  temp = timeH%10;                                    //通过除法运算获取个位的数值
  for(int i = 0;i < 4;i++)
  {
    if(temp%2)                                        //设置SI的状态
      digitalWrite(si, HIGH);
    else
      digitalWrite(si, LOW);

    digitalWrite(sck, HIGH);                          //产生时钟脉冲
    digitalWrite(sck, LOW);

    temp = temp/2;
  }

  temp = timeH/10;                                    //通过求余运算获取十位的数值
  for(int i = 0;i < 4;i++)
  {
    if(temp%2)                                        //设置SI的状态
      digitalWrite(si, HIGH);
    else
      digitalWrite(si, LOW);

    digitalWrite(sck, HIGH);                          //产生时钟脉冲
    digitalWrite(sck, LOW);

    temp = temp/2;
  }

  digitalWrite(rck, HIGH);                            //并行输出显示
  delay(1000);                                        //避免刷新太频繁
}
```

发送16位数据之后对应的顺序为第二片的QE~QH引脚、第二片的QA~QD引脚、第一片的QE~QH引脚、第一片的QA~QD引脚，因此，数据发送的顺序为分钟的个位、分钟的十位、小时的个位、小时的十位。

上面这段程序有很多重复的地方，比如每次发送时钟的部分，如果定义一个时间的数组，程序就会精简很多。这里时间数组定义如下：

```
int time[3] = {12,34,56};
```

定义时间数组之后的程序如下所示：

```
int time[3] = {12,34,56};

int rck = 6;
int si = 5;
int sck = 7;

void setup()
{
  pinMode(rck, OUTPUT);                        //将引脚设置为输出
  pinMode(si, OUTPUT);
  pinMode(sck, OUTPUT);

  digitalWrite(rck, LOW);                      //初始的时候将rck和sck置低
  digitalWrite(sck, LOW);
}

void loop()
{
  digitalWrite(rck, LOW);

  for(int j = 0;j < 4;j++)
  {
    int temp = 0;
    if(j%2)
      temp = time[1-j/2]/10;
    else
      temp = time[1-j/2]%10;

    for(int i = 0;i < 4;i++)
    {
      if(temp%2)                               //设置SI的状态
        digitalWrite(si, HIGH);
      else
        digitalWrite(si, LOW);

      digitalWrite(sck, HIGH);                 //产生时钟脉冲
```

```
      digitalWrite(sck, LOW);

      temp = temp/2;
    }
  }

  digitalWrite(rck, HIGH);                              //并行输出显示
  delay(1000);                                          //避免刷新太频繁
}
```

定义时间数组后就可以通过for循环处理要发送的数据。大家可以通过程序思考一下这个for循环的逻辑。

接下来完成计时的部分，这里和之前的计时不太一样，这次要使用millis()函数。这个函数返回的是自程序运行后经过的时间，单位是ms。可以使用一个变量保存旧的时间值，然后用这个值一直和millis()函数的返回值进行比较，当两者的差值大于设定的时间长度时（比如60s）就更新数组的值。

基于上述分析，在程序中定义一个变量oldTime保存旧的时间值。当millis()-oldTime大于60000的时候（60s），更新时间数组time。对应代码如下：

```
      if(millis() - oldTime >= 60000)
      {
        oldTime = millis();
        time[1]++;

        if(time[1] >= 60)
        {
          time[1] = 0;
          time[0]++;
          if(time[0] >= 24)
            time[0] = 0;
        }
      }
```

这段程序中还要判断分钟的数值和小时的数值，分钟的数值不能大于60，小时的数值不能大于24。最后整体代码如下：

```
      int time[3] = {12,34,56};
```

```
int rck = 6;
int si = 5;
int sck = 7;

unsigned int oldTime = 0;

void setup()
{
  pinMode(rck, OUTPUT);                          //将引脚设置为输出
  pinMode(si, OUTPUT);
  pinMode(sck, OUTPUT);

  digitalWrite(rck, LOW);                        //初始的时候将rck和sck置低
  digitalWrite(sck, LOW);
}

void loop()
{
  if(millis() - oldTime >= 60000)
  {
    oldTime = millis();
    time[1]++;

    if(time[1] >= 60)
    {
      time[1] = 0;
      time[0]++;
      if(time[0] >= 24)
        time[0] = 0;
    }

    digitalWrite(rck, LOW);

    for(int j = 0;j < 4;j++)
    {
      int temp = 0;
      if(j%2)
        temp = time[1-j/2]/10;
      else
        temp = time[1-j/2]%10;

      for(int i = 0;i < 4;i++)
```

```
  {
    if(temp%2)                                        //设置SI的状态
      digitalWrite(si, HIGH);
    else
      digitalWrite(si, LOW);

    digitalWrite(sck, HIGH);                          //产生时钟脉冲
    digitalWrite(sck, LOW);

    temp = temp/2;
  }
}

digitalWrite(rck, HIGH);                              //并行输出显示
  }
}
```

这样我们的四位数显时钟就完成了，注意上面的程序是更新时间的时候才刷新显示的。程序运行效果如图6.11所示。

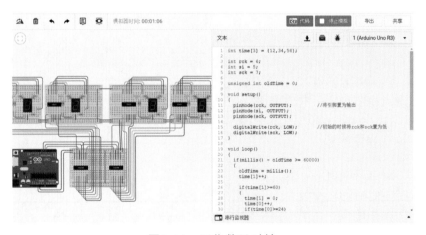

图6.11　四位数显时钟

在此基础上大家可以尝试制作一个有6个数码管（包含秒）的时钟。

6.2　全彩灯带

上一节的例子和显示有关，本节依然和显示有关。这次介绍的采用串行通信的组件是一种全彩灯带，外观如图6.12所示。

图6.12　全彩灯带

这种灯带很神奇，接口只有三根线，其中还包括电源和GND，因此，实际通信的只有一条线，但是通过一根线就能够控制灯带上每个LED发出不同颜色的光。

6.2.1　WS2812智能集成灯珠

这种灯带上的每一个发光点都是一种称为WS2812的智能集成灯珠，其外观如图6.13所示。

图6.13　WS2812智能集成灯珠

这种灯珠本身很像普通的RGB LED。每一种颜色的亮度都可以通过脉宽调制实现256级的分级控制。不过与普通的RGB LED相比，这种灯珠的内部除了有三个分别发红光、绿光、蓝光的LED之外，还集成了一个控制芯片，这个芯片通过一种串行通信的方式从外部接收数据，根据接收的数据控制灯珠内的LED发光以显示不同的颜色。

因为这种形式，控制这种灯珠只需要一根线（不包括电源和GND），同时这个芯片有一点和74HC595很像，它也有一个数据输出能够支持级联。也就是说，可以将一个灯珠的信号输出端连接至另外一个灯珠的输入端。这样就可以用一根线来控制多个WS2812智能集成灯珠了。

6.2.2　WS2812引脚定义

WS2812有4个引脚，分别是电源、GND、信号输入和信号输出。其中，电源支持5~7V的直流电源接入。电压过高（7V）会烧毁灯珠，电压太低（5V）则会造成灯珠亮度过低，甚至不工作。信号输入要连接控制器或另一个WS2812的信号输出。而对应的信号输出要连接下一个灯珠的信号输入，如果这个WS2812是最后一级，则该引脚可直接悬空。

现实中如果使用单个灯珠，都是模块，为了方便连接，模块通常都会再引出一个电源和GND，同时将信号输入IN和信号输出O排在两侧。在Tinkercad模拟软件中也有单个灯珠的模块（见图6.14），多个模块连接后如图6.14所示。

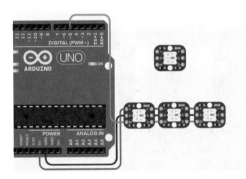

图6.14　Tinkercad模拟软件中的单个灯珠模块以及串在一起的灯珠模块

除了单个灯珠，在Tinkercad模拟软件中还有灯带和灯环的形式，这也是现实比较常见的。图6.15中从上到下分别是7个灯珠的圆环、12个灯珠的圆环、16个灯珠的圆环、24个灯珠的圆环，以及4个灯珠的灯带、6个灯珠的灯带、8个灯珠的灯带、10个灯珠的灯带、12个灯珠的灯带、16个灯珠的灯带、20个灯珠的灯带。

WS2812的灯带都是柔性电路，而且每个灯珠两边均有焊盘（和单个灯珠模块的形式很像），方便使用者根据自己的需求截取相应数量的灯珠。

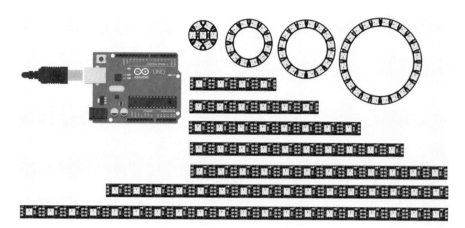

图6.15 多种形式的WS2812

6.2.3 WS2812串行通信的形式

WS2812的串行通信形式还是比较好理解的,在介绍WS2812的串行通信形式之前,先来看看每一个灯珠需要多少位数据。前面介绍过,一个灯珠对于红绿蓝的每一种颜色的亮度都可以实现256级的分级控制,那么相应的三个颜色就需要24位数据(红绿蓝各8位,$8 \times 3 = 24$)。实际上WS2812的串行通信就是一直在一位一位地发送数据,每个WS2812在上电复位以后(或是至少维持50μs的复位脉冲信号之后),信号输入端接收从控制器传输过来的数据。首先送过来的24位数据被第一个WS2812提取,送到其内部的数据锁存器,剩余的数据经过内部处理后通过信号输出端口转发给下一个级联的WS2812,每经过一个WS2812的传输,信号减少24位。同时每个WS2812采用自动整形转发技术,使得该WS2812的级联个数不受信号传送的限制,仅仅受限于信号传输速度的要求。这种通信方式的好处是大大节约了单片机引脚资源。

虽然WS2812的串行通信形式比较好理解,不过其中传输的数据精度却比较高,在这个串行通信中,表示0的脉冲时间为1.15μs,其中高电平时间0.35μs,低电平时间0.8μs;而表示1的脉冲时间为1.3μs,其中高电平时间0.7μs,低电平时间0.6μs,如图6.16所示。期间的误差不能超过150ns。

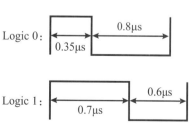

图6.16 WS2812表示0和表示1的波形

6.2.4　灯带控制

这种精度的脉冲我们通过直接的引脚控制基本不可能实现，不过好在Arduino中有对应的库文件。

> **说　明**
>
> Arduino的晶振频率是16MHz，表示运行一条指令的时间为1s/16MHz = 0.0625μs = 62.5ns。注意：这里的指令还不是像digitalWrite()这样的函数，而是基本的汇编指令。

点击代码编辑中的"库"按钮，在其中找到NeoPixel（控制NeoPixel LED），点击前面的"包含"按钮将对应的库包含在程序中，如图6.17所示。

> **说　明**
>
> NeoPixel是Adafruit的智能LED模块品牌。

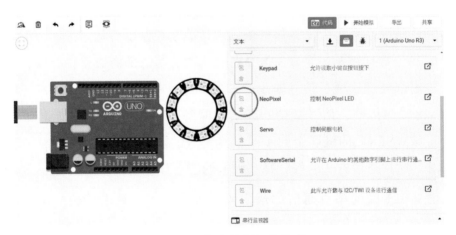

图6.17　包含控制灯带的库

此时在代码最开始的位置就会看到新加的#include<Adafruit_NeoPixel.h>语句，表明已经添加了NeoPixel库。这个库中有一个名为Adafruit_NeoPixel的类，接下来定义一个Adafruit_NeoPixel类的对象。定义对象的时候要填写三个参数，第一个参数是灯带上灯珠的数量，第二个参数是控制灯带的Arduino引脚，第三个参数是灯珠的控制形式，这个参数包含两个属性的选项，通常的选项有：

（1）NEO_KHZ800，800 kHz（针对WS2812类型的灯珠，适用于大部分NeoPixel产品）。

（2）NEO_KHZ400，400 kHz(针对WS2811类型的灯珠)。

（3）NEO_GRB，串行通信时发送颜色数据的顺序，GRB分别表示颜色绿、红、蓝（适用于大部分NeoPixel产品）。

（4）NEO_RGB，串行通信时发送颜色数据的顺序，RGB分别表示颜色红、绿、蓝。

这里我们选用一个有12个灯珠的圆环，并且用Arduino Uno的引脚6来控制，如图6.18所示。针对这种情况，如果对象名为pixels，则定义对象的代码如下：

```
Adafruit_NeoPixel pixels(12, 6, NEO_GRB + NEO_KHZ800);
```

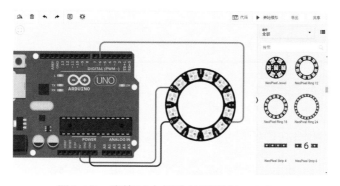

图6.18　连接12个灯珠的圆环与Arduino

连接的时候注意圆环连接点旁边的标识。定义了对象之后要在setup()函数中使用对象pixels的方法begin()来初始化对象，对应代码如下：

```
pixels.begin();
```

初始化之后就可以设置灯珠的颜色了，对应的方法为setPixelColor()，该方法有两个参数，第一个参数是要设置颜色灯珠的编号，这个编号从0开始，第二个参数是对应的颜色，指定颜色的时候需要使用对象的Color()方法。Color()方法有三个参数，分别代表颜色的RGB值，比如表示白色的语句为

```
pixels.Color(255, 255, 255)
```

表示红色的语句为

```
pixels.Color(255, 0, 0)
```

而表示蓝色的语句为

```
pixels.Color(0, 0, 255)
```

因此，如果设定第一个灯珠的颜色为红色，则对应的代码为

```
pixels.setPixelColor(0, pixels.Color(255, 0, 0));
```

如果设定第5个灯珠的颜色为蓝色，则对应的代码为

```
pixels.setPixelColor(4, pixels.Color(0, 0, 255));
```

而如果设定灯珠是红蓝相间的，则对应的代码为

```
for(int i = 0; i < 12; i++)
  {
    if(i%2)
      pixels.setPixelColor(i, pixels.Color(255, 0, 0)); //设置灯珠颜色为红色
    else
      pixels.setPixelColor(i, pixels.Color(0, 0, 255)); //设置灯珠颜色为蓝色
  }
```

设置完灯珠颜色之后，对应的颜色并不能显示出来。还需要最后一步，就是使用对象的show()方法。这样整个控制灯带显示的过程才算完成。这里设置圆环按照红蓝相间的颜色显示，对应的代码为

```
#include <Adafruit_NeoPixel.h>

Adafruit_NeoPixel pixels(12, 6, NEO_GRB + NEO_KHZ800);

void setup()
{
  pixels.begin();

  for(int i = 0; i < 12; i++)
  {
    if(i%2)
      pixels.setPixelColor(i, pixels.Color(255, 0, 0)); //设置灯珠颜色为红色
    else
      pixels.setPixelColor(i, pixels.Color(0, 0, 255)); //设置灯珠颜色为蓝色
```

```
  }
  pixels.show();
}

void loop()
{

}
```

由于设定完颜色之后，如果没有更改，灯珠的颜色是不会变的，因此，这里loop()函数中什么代码都没有。运行程序后，显示效果如图6.19所示。

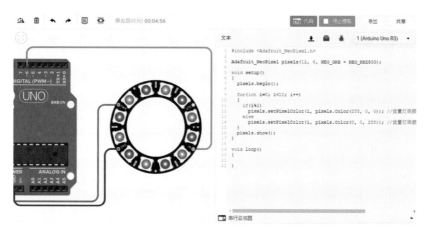

图6.19 控制灯珠按照红蓝相间显示

> **说 明**
>
> 由于在WS2812的串行通信中传输数据的时间精度比较高（误差不能超过150ns），因此，在运行方法show()时，中断是暂时禁用的。这意味着Arduino的millis()和micros()函数会丢失一小段时间（大约一个灯珠30μs）。

如果希望实现灯珠红蓝相间交替闪烁的例子，那么就需要将setPixelColor()方法和show()方法放在loop()函数中。对应显示动态效果的代码如下：

```
#include <Adafruit_NeoPixel.h>

Adafruit_NeoPixel pixels(12, 6, NEO_GRB + NEO_KHZ800);

void setup()
```

```
{
  pixels.begin();
}

void loop()
{
  for(int i = 0; i < 12; i++)
  {
    if(i%2)
      pixels.setPixelColor(i, pixels.Color(255, 0, 0)); //设置灯珠颜色为红色
    else
      pixels.setPixelColor(i, pixels.Color(0, 0, 255)); //设置灯珠颜色为蓝色
  }
  pixels.show();
  delay(400);

  for(int i = 0; i < 12; i++)
  {
    if(i%2)
      pixels.setPixelColor(i, pixels.Color(0, 0, 255)); //设置灯珠颜色为蓝色
    else
      pixels.setPixelColor(i, pixels.Color(255, 0, 0)); //设置灯珠颜色为红色
  }
  pixels.show();
  delay(400);
}
```

6.2.5 NeoPixel库中的其他常用方法

在NeoPixel库中除了上面用到的基本方法之外，还有一些其他常用的方法，这里简单介绍一下。

（1）clear()，该方法会用0填充整个像素条，即关闭所有WS2812灯珠。

（2）fill()，该方法会使用一种颜色填充一段灯珠，方法有三个参数，第一个参数是对应的颜色；第二个参数为要改变颜色的第一个灯珠的编号，编号从0开始，如果未指定则默认从0开始；第三个参数为要改变颜色的灯珠数量，这个参数如果为0或未指定，则一直到灯带的末尾。

（3）ColorHSV(uint16_t hue, uint8_t sat, uint8_t val)，该方法是将色调、饱和度和亮度转换为压缩的32位RGB颜色。方法有三个参数，

第一个参数是色调，为一个无符号的16位值，从0到65535，表示一个完整的色轮；第二个参数是饱和度，为一个无符号的8位值，从0到255位值，0为最低，255为最大，如果未指定，默认值为255；第三个参数是亮度，也是一个无符号的8位值，0为最暗，255为全亮度，如果未指定，默认值为255。

HSV颜色模型

HSV(Hue, Saturation, Value)是根据颜色的直观特性由Smith在1978年创建的一种颜色空间，也称六角锥体模型(Hexcone Model)。这个模型中颜色的参数分别是色调（H）、饱和度（S）、明度（V）。

其中，色调表示色彩信息，用角度度量，取值范围为0°~360°，从红色开始按逆时针方向计算，红色为0°，绿色为120°，蓝色为240°。它们的补色：黄色为60°，青色为180°，紫色为300°。

饱和度表示颜色接近光谱色的程度。一种颜色，可以看成某种光谱色与白色混合的结果。其中光谱色所占的比例越大，颜色接近光谱色的程度就越高，颜色的饱和度也就越高。饱和度高，颜色则深而艳。光谱色的白光成分为0，饱和度达到最高。饱和度取值范围为0~100%，值越大，颜色越饱和。

明度表示颜色明亮的程度，对于光源色，明度值与发光体的光亮度有关；对于物体色，此值和物体的透射比或反射比有关。通常取值范围为0（黑）~100%（白）。

RGB颜色模型是面向硬件的，而HSV（Hue Saturation Value）颜色模型是面向用户的。HSV对用户来说是一种直观的颜色模型。我们可以从一种纯色彩开始，即指定色彩角H，并让$V=S=1$，然后可以通过向其中加入黑色和白色来得到我们需要的颜色。增加黑色可以减小V而S不变，同样增加白色可以减小S而V不变。例如，要得到深蓝色，$V=0.4$，$S=1$，$H=210°$。要得到淡蓝色，$V=1$，$S=0.4$，$H=210°$。

一般说来，人眼最多能区分128种不同的色彩，130种色饱和度，23种明暗度。如果我们用16bit表示HSV，可以用7位存放H，4位存放S，5位存放V，即745或者655就可以满足我们的需要了。

由于HSV是一种比较直观的颜色模型，所以在许多图像编辑工具中应用比较广泛，但这也决定了它不适合使用在光照模型中，许多光线混合运算、光强运算等都无法直接使用HSV来实现。

6.3 8×8点阵屏

我们生活中的彩色显示屏基本都是由全彩的灯珠拼成的，工作的时候每个灯珠只发出一种颜色的光，只不过可以认为这些灯珠非常小（在显示屏中称为像素），因此，从整体来看就形成了一幅幅图像。本节我们也来制作一个小小的屏幕，一个8×8大小的用WS2812灯带拼成的点阵屏。

6.3.1 硬件连接

由于这个屏幕的大小是8×8，所以在组件区选取8个灯带（每个灯带含8个灯珠）竖直排列在一起，如图6.20所示。

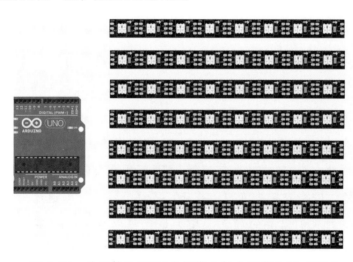

图 6.20 从组件区选取8个灯带（每个灯带含8个灯珠）

然后将这些灯带串联在一起，连接到Arduino的控制引脚，依然是数字引脚6。注意灯带的信号输入要连接控制器或另一条灯带的信号输出。最后一个灯带的信号输出悬空，连接完成后如图6.21所示。

由于电源和GND是没有方向性的，所以图6.21中都连接到了灯带的左侧。

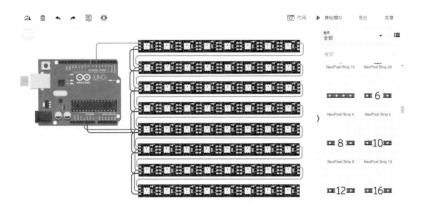

图6.21   将灯带串联在一起

6.3.2   点阵屏显示图片

硬件连接完成之后,我们来编写程序让这个显示屏显示一张图片。由于这个图片只有8×8大小,所以选了一张只有8×8像素的图片,如图6.22所示。

图6.22是游戏《我的世界》中的人物史蒂夫,他的正脸尺寸刚好就是8×8。这个"脸"上总共有五种颜色,在编写程序之前首先需要通过画图软件确定五种颜色的RGB值,如图6.23所示。

图6.22   游戏《我的世界》中的人物史蒂夫

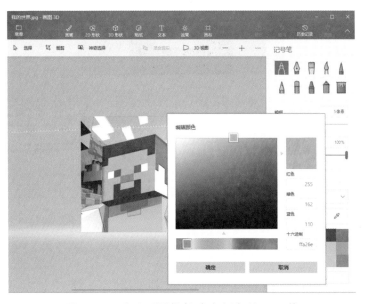

图6.23   通过画图软件确定颜色的RGB值

确定的五种颜色RGB值见表6.3。

表6.3　五种颜色RGB值

位　置	颜　色	R（红色）	G（绿色）	B（蓝色）
毛发	褐色	111	71	35
皮肤	棕色	255	162	110
瞳孔	蓝色	92	48	203
眼球	白色	255	255	255
鼻子	浅褐色	203	125	79

确定颜色之后来看程序，首先定义对象的时候参数1要改成现在的灯珠数量，代码如下：

```
Adafruit_NeoPixel pixels(64, 6, NEO_GRB + NEO_KHZ800);
```

然后给每个灯珠指定颜色，为了明确灯珠的编号，这里制作了一个由方块组成的表格：

依照这个表格完成的整体代码如下，注意这里用了好几次fill()方法。

```
#include <Adafruit_NeoPixel.h>

Adafruit_NeoPixel pixels(64, 6, NEO_GRB + NEO_KHZ800);

void setup()
{
  pixels.begin();

  pixels.fill(pixels.Color(111, 71, 35), 0, 17 );
  pixels.fill(pixels.Color(255, 162, 110), 17,47 );
```

```
    pixels.setPixelColor(23, pixels.Color(111, 71, 35));
    pixels.setPixelColor(50, pixels.Color(111, 71, 35));
    pixels.setPixelColor(53, pixels.Color(111, 71, 35));
    pixels.fill(pixels.Color(111, 71, 35), 58, 4 );

    pixels.setPixelColor(33, pixels.Color(255, 255, 255));      //眼球
    pixels.setPixelColor(38, pixels.Color(255, 255, 255));

    pixels.setPixelColor(34, pixels.Color(92, 48, 203));        //瞳孔
    pixels.setPixelColor(37, pixels.Color(92, 48, 203));

    pixels.setPixelColor(43, pixels.Color(203, 125, 79));       //鼻子
    pixels.setPixelColor(44, pixels.Color(203, 125, 79));

    pixels.show();
}

void loop()
{

}
```

　　运行程序看看效果。老实讲没有实物运行效果好，实物是可以放在黑的地方或是加一个磨砂面的玻璃来看的，另外一点就是屏幕的像素实在太低了。大家不妨试着制作一个更大的显示屏。

第7章　液晶显示屏

生活中还有一种只能显示灰色或单色内容的显示屏，如图7.1所示。

图7.1　只显示单色的显示屏

这种显示屏称为液晶显示屏（Liquid Crystal Display，LCD），液晶显示屏的定制性非常强，除了图7.1所示的通用型，还有图7.2所示的定制型。定制型的液晶显示屏可以根据需求设定显示的内容和位置。现实中一般万用表的显示屏都是液晶显示屏。

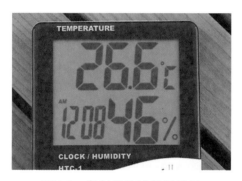

图7.2　定制型的液晶显示屏

7.1　液晶显示原理

7.1.1　什么是液晶？

某些物质在熔融状态或被溶剂溶解之后，尽管失去固态物质的刚性，却获得了液体的易流动性，同时保留着部分晶态物质分子的各向异性有序排列，形成一种兼有晶体和液体的部分性质的中间态，这种由固态向液态转化过程中存在的取向有序流体称为液晶。简单来说，液晶可以像液体一样流动（流动性），但它的分子却是像道路一样取向有序的（各向异性）。

7.1.2 液晶显示屏的构成

液晶显示屏简单来讲是由两层叠合在一起构成的。下面的一层称为发光背板，正常通电之后，这个背板发出均匀的单色亮光，我们看到的液晶显示屏的颜色就是由这个发光背板决定的，通常的颜色有白色、黄色、蓝色等，图7.1中屏幕的颜色就是黄色。上面的一层称为液晶层，这也是这种屏幕被称为液晶屏的原因，液晶的物理特性是通电时液晶会变得有序，光线容易通过，而不通电时液晶排列混乱，能阻止光线通过。通常液晶层会分成一个个很小的格子（定制型就是按照定制的形状来分），通过控制每个格子中液晶的状态，就能构成我们希望展示的字符。

例如，图7.3所示的只有一行的液晶模块，这个模块上层的液晶层横向分成了7个格子。

图7.3 只有一行的液晶模块

我们将这7个格子分别标识为数字1~7，那么当所有格子的液晶都通电变得有序时，从上方什么也看不到，而当2、3、5、6格子的液晶不通电变得无序时，从上方就会看到1、4、7透光，2、3、5、6不透光，从而形成一个易经中阴爻的图案，而当2~6格子的液晶都不通电变得无序时，从上方就会看到一个易经中阳爻的图案。

7.2　1602液晶模块

实际情况液晶层上的格子非常多，相应的控制就比较麻烦，所以通常液晶模块中都会包含驱动芯片用于与主控芯片（如Arduino）进行通信，比如本书中使用的1602液晶模块。

这个一款字符型的液晶模块，在Arduino项目中经常会用到，其外观如图7.4所示。

图7.4 标准的1602液晶模块

该液晶模块可以显示两行内容，每行可以显示16个英文字符（每个字符都是由5×7＝35个格子组成的，横向5个格子，竖向7个格子），因此，被称为1602。1602液晶模块除了有液晶显示屏之外，还包括行列驱动器、控制芯片、连接附件等，是一种将显示屏、控制集成电路、PCB板、结构件装配在一起的集合。

7.2.1　1602液晶模块的引脚定义

1602液晶模块采用单排16芯的接口（见图7.4的模块上沿），接口引脚从左到右依次为1、2、3……16脚。具体的引脚定义见表7.1。

表7.1　1602液晶模块引脚定义

引　脚	符　号	定　义	说　明
1	VSS	电源地	接GND
2	VDD	电源正	接5V电源
3	VL	液晶显示偏压	调节显示的对比度，对比度越强表示液晶的透光性越弱 接正电源时对比度最弱，接GND时对比度最强，通常会通过一个电位器来调节
4	RS	数据或命令选择	高电平：选择数据 低电平：选择命令
5	R/W	读/写选择	高电平：读操作 低电平：写操作
6	E	使能	电平下降沿触发模块工作
7	D0	数据0	双向数据接口
8	D1	数据1	
9	D2	数据2	
10	D3	数据3	
11	D4	数据4	
12	D5	数据5	
13	D6	数据6	
14	D7	数据7	
15	BLA	背光阳极	背光灯的电源，需要在正极串联一个220Ω的电阻
16	BLK	背光阴极	

1602液晶模块有8条数据线，可以一次传递8位数据（还有一种模式是一次传递4位数据），所以说这是一种并行通信的方式。

7.2.2 1602液晶模块的控制命令

模块内有了驱动芯片就不需要具体控制某一个液晶小格子是否通电，只需要通过通信的方式告诉驱动芯片执行什么操作就可以了。这样能够极大地减少主控芯片的工作量。对于1602液晶模块来说，包含的命令见表7.2。

表7.2 1602液晶模块的命令

序 号	指 令	RS	R/W	D7	D6	D5	D4	D3	D2	D1	D0
1	清屏	0	0	0	0	0	0	0	0	0	1
2	光标复位	0	0	0	0	0	0	0	0	1	*
3	光标和显示模式设置	0	0	0	0	0	0	0	1	I/D	S
4	显示的开/关控制	0	0	0	0	0	0	1	D	C	B
5	光标或字符移位	0	0	0	0	0	1	S/C	R/L	*	*
6	功能设置	0	0	0	0	1	DL	N	F	*	*
7	设置字符存储区地址	0	0	0	1	字符存储区地址					
8	设置显示位置地址	0	0	1	显示位置地址						
9	读忙标志和光标位置	0	1	BF	光标位置						

指令后面的0或1表示当前命令对应引脚的状态，*表示无效。这些命令的具体描述如下：

（1）指令1：清屏命令。清除液晶模块所有显示内容。

（2）指令2：光标复位。控制光标回到屏幕左上角。

（3）指令3：光标和显示模式设置。

　　·I/D：光标移动方向，高电平右移，低电平左移

　　·S：屏幕上所有文字是否左移或右移，高电平表示有效，低电平表示无效

（4）指令4：显示的开/关控制。

　　·D：控制整体显示的开或关，高电平表示显示开，低电平表示显示关

　　·C：控制光标的开或关，高电平表示有光标，低电平表示无光标

　　·B：控制光标是否闪烁，高电平表示闪烁，低电平表示不闪烁

（5）指令5：光标或字符移位。

　　·S/C：高电平时移动显示的文字，低电平时移动光标

· R/L：高电平时向右滚动，低电平时向左滚动

（6）指令6：功能设置。

· DL：高电平时为8位数据传输形式，低电平时为4位数据传输形式

· N：低电平时为单行显示，高电平时为双行显示

· F：低电平时显示5×7的点阵字符，高电平时显示5×10的点阵字符

（7）指令7：设置字符存储区地址。在1602液晶模块内部存储了很多字符的点阵图形符号数据，这个区域称为字符存储区，要访问字符存储区就需要指定字符存储区的地址。

（8）指令8：设置显示位置地址。

（9）指令9：读忙标志和光标位置。

· BF：忙标志位，高电平表示忙，此时模块不接收命令或数据，低电平表示不忙

下面基于这些命令简单描述如何控制1602液晶模块。简单来说就是两步，第一步通过命令指定要显示字符的位置，如果不需要指定位置，则省略第一步；第二步通过数据指令发送要显示的内容，每显示一个字符，显示字符的位置会自动加1，这样如果显示多个字符，只要不断发送要显示的内容就可以了。1602液晶模块上有32个位置，每个位置的地址见表7.3。

表7.3　1602液晶模块上每个位置的地址

第一行	00	01	02	03	04	05	06	07	08	09	0A	0B	0C	0D	0E	0F
第二行	40	41	42	43	44	45	46	47	48	49	4A	4B	4C	4D	4E	4F
说　明	地址的数据为十六进制															

通过表7.3能够看出来第一行和第二行并不是连续的，第一行的第一个位置地址为0x00，而第二行的第一个位置地址为0x40。

说　明

由表7.2中的指令8可知，设置显示位置地址时，数据最高位D7始终为1，因此，实际写入的数据应该是显示位置的地址+0x80。比如写入显示位置的地址0x01，则实际应写入0x01+0x80 = 0x81。

7.2.3　1602液晶模块的初始化

控制液晶屏显示字符的过程已经介绍完了，要想让液晶屏正常工作，还需要对其初始化。1602液晶模块的初始化过程如下：

· 延时15ms

· 写指令6：数值为0x38（二进制的00111000）

· 延时5ms

· 写指令6：数值为0x38

· 延时5ms

· 写指令6：数值为0x38

· 延时5ms

· 写指令6：数值为0x38（8位数据传输形式，两行）

· 写指令4，数值为0x08（显示关闭，无光标）

· 写指令1：数值为0x01（清屏）

· 写指令3：数值为0x06（光标和显示模式设置）

· 写指令4：数值为0x0C（显示开，无光标）

7.2.4　液晶模块连接

现在控制液晶屏的基础内容已经介绍完了，下面我们进行具体操作，首先从组件区选取一个1602液晶模块，并将其与Arduino连接在一起，如图7.5所示。

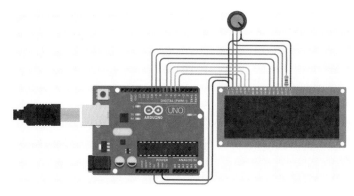

图7.5　连接液晶模块与Arduino

这里，D0~D7只连接了D4~D7，因此之后要采用4位数据传输形式。对应1602液晶模块与Arduino引脚的连接关系见表7.4。

表7.4　1602液晶模块与Arduino引脚的连接关系

序　号	1602液晶模块引脚	Arduino引脚
1	RS	4
2	R/W	5
3	E	6
4	D4	7
5	D5	8
6	D6	9
7	D7	10

7.2.5　函　数

程序方面，由于会一直用到发送数据和发送命令的功能，所以首先定义一个发送数据的函数——lcdSend()。这个函数的功能是根据指定的数据设置D4~D7的状态，同时在引脚E产生一个下降沿。

函数相当于车间的一条流水线，输入的原料通过相同的操作最终变成产品或半成品，而半成品会参与下一条流水线。函数的优势在于它的模块化，一旦定义了函数，那么函数中的程序就不需要重复编写了。这就像流水线被设计好之后，别人可以直接使用或购买这条流水线进行生产，无须重新设计流水线。关键是只需要会操作流水线就能生产出产品或半成品，不需要理会流水线内部是如何工作的，这样就大大降低了产品设计和生产的难度，同时还能保证设计师把精力放在基于流水线的产品设计或是其他流水线的设计当中。

一个函数的定义包括以下部分：

```
返回数据类型　函数名(参数)
{
    实现功能的代码段
}
```

其中，函数名是为了方便之后的调用，参数是函数运行需要的原始数据，参数可以是一个，也可以是多个，没有参数的函数该括号内为空，但括号不能省略。另外函数也需要指定一个数据类型，这个类型是指函数输出数据的格式，函数没有输出时，返回数据类型为void。

这里对应lcdSend()函数的代码如下：

```
void lcdSend(uint8_t value)
{
  //先发送高4位
  int temp = value/16;
  for(int i = 7;i < 11;i++)
  {
    if(temp%2)
      digitalWrite(i, HIGH);
    else
      digitalWrite(i, LOW);

    temp = temp/2;
  }

  //产生使能位的下降沿
  digitalWrite(6, HIGH);
  digitalWrite(6, LOW);

  //再发送低4位
  temp = value;
  for(int i = 7;i < 11;i++)
  {
    if(temp%2)
      digitalWrite(i, HIGH);
    else
      digitalWrite(i, LOW);

    temp = temp/2;
  }

  //产生使能位的下降沿
  digitalWrite(6, HIGH);
  digitalWrite(6, LOW);
}
```

lcdSend()函数只有一个参数，即要发送的数据。

7.2.6　显示数字

定义了函数之后，本节驱动1602液晶模块显示0~9十个数字。程序流程是在 setup() 函数中设置连接 1602 液晶模块的引脚为输出，同时初始化液晶模块。然后指定要显示字符的位置为屏幕左上角，最后显示数字字符，对应代码如下：

```
void lcdSend(uint8_t value)
{
  //先发送高4位
  int temp = value/16;
  for(int i = 7;i < 11;i++)
  {
    if(temp%2)
      digitalWrite(i, HIGH);
    else
      digitalWrite(i, LOW);

    temp = temp/2;
  }

  //产生使能位的下降沿
  digitalWrite(6, HIGH);
  digitalWrite(6, LOW);

  //再发送低4位
  temp = value;
  for(int i = 7;i < 11;i++)
  {
    if(temp%2)
      digitalWrite(i, HIGH);
    else
      digitalWrite(i, LOW);

    temp = temp/2;
  }

  //产生使能位的下降沿
  digitalWrite(6, HIGH);
  digitalWrite(6, LOW);
}

void setup()
{
  for(int i = 4;i < 11;i++)
```

```
  {
    pinMode(i,OUTPUT);
  }

  digitalWrite(6, LOW);
  digitalWrite(5, LOW);

  //初始化
  delay(15);
  digitalWrite(4, LOW);                    //rs为低，发送的是命令
  lcdSend(0x33);
  delay(5);
  lcdSend(0x32);
  delay(5);
  lcdSend(0x28);
  lcdSend(0x08);
  lcdSend(0x01);
  lcdSend(0x06);
  lcdSend(0x0C);

  //设置要显示字符的位置
  lcdSend(0x80);

  digitalWrite(4, HIGH);                   //rs为高，发送的是数据
  for(int i = '0';i <= '9';i++)
  {
    lcdSend(i);
  }
}


void loop()
{

}
```

注意：代码红色的部分和前面介绍液晶模块初始化时提到的数值不一样。这是因为这里采用的是4位数据传输形式。

在8位数据传输形式下，液晶模块初始化时要发送三次指令6，数值为0x38，而在4位数据传输形式下只需要发送高4位，对应的程序如下：

```
int temp = 0x38/16;              //获取数据的高4位，即二进制的0011
for(int i = 7;i < 11;i++)
```

```
{
  if(temp%2)
    digitalWrite(i, HIGH);
  else
    digitalWrite(i, LOW);

  temp = temp/2;
}

//产生使能位的下降沿
digitalWrite(6, HIGH);
digitalWrite(6, LOW);
```

发送了三次二进制0011的命令后，还要发送一次二进制0010的命令，对应的是指令6的高4位，表示采用4位数据传输形式（DL高低电平时为4位数据传输形式）。接着就是正常的初始化数据发送了。

- 写指令6：数值为0x28（4位数据传输形式，两行）

- 写指令4：数值为0x08（显示关闭，无光标）

- 写指令1：数值为0x01（清屏）

- 写指令3：数值为0x06（光标和显示模式设置）

- 写指令4：数值为0x0C（显示开，无光标）

这里因为同样使用了lcdSend()函数，所以将两个4位的二进制数进行组合（因为定义的lcdSend()函数会通过4条数据线发送8位数据），由此得到两个数值0x33和0x32。在程序中的代码为

```
delay(15);
digitalWrite(4, LOW);                           //rs为低，发送的是命令
lcdSend(0x33);
delay(5);
lcdSend(0x32);
delay(5);
```

程序运行效果如图7.6所示。

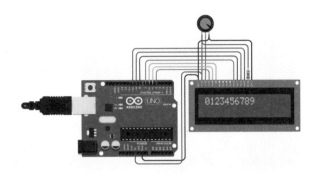

图7.6 在液晶模块上显示0~9十个数字

如果没有显示的话，尝试旋转一下调节对比度的电位计。

7.3 LiquidCrystal库

对于1602液晶模块，在Arduino中也有对应的库文件。点击代码编辑中的
"库"按钮，在其中找到LiquidCrystal（控制液晶显示屏）库，点击前面
的"包含"按钮，将液晶的库包含在程序中，如图7.7所示。

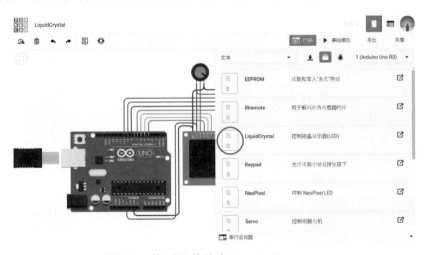

图7.7 找到液晶的库LiquidCrystal

7.3.1 显示"hello world"

添加了库之后会在代码最开始的位置看到新加的#include<Liquid
Crystal.h>语句，表明已经添加了LiquidCrystal库。这个库中有一个名为

LiquidCrystal的类，接下来定义一个LiquidCrystal类的对象。定义对象的时候要填写Arduino与液晶模块连接的引脚，这里针对4位数据传输形式，对应的参数顺序为RS、E、D4、D5、D6、D7，对应的引脚是4、6、7、8、9、10，因此，定义对象的语句为

```
LiquidCrystal lcd(4, 6, 7, 8, 9, 10);
```

这里lcd是对象的名称。定义了对象之后要在setup()函数中使用对象lcd的方法begin()来初始化对象，对应代码如下

```
lcd.begin(16, 2);
```

begin()方法的参数为液晶模块的大小，第一个参数表示一行显示16个字符，第二个参数表示模块显示两行字符。

初始化对象之后就能够正常使用液晶模块了。前面介绍了，在液晶屏上显示字符简单来讲就是两步。第一步指定位置，第二步指定显示的内容。而在LiquidCrystal类当中这两步对应的是两个方法，指定位置的方法为setCursor()，指定内容的方法为print()。其中，setCursor()方法有两个参数，第一个是水平的位置，取值范围为0~15；第二个是竖直位置，即在哪一行，取值范围为0~1。print()方法有一个参数，即要显示的内容字符串，如果是文本字符串，要用双引号引起来。

基于以上内容，利用LiquidCrystal库实现显示"hello world"的效果，对应的程序如下：

```
#include <LiquidCrystal.h>

LiquidCrystal lcd(4, 6, 7, 8, 9, 10);

void setup() {
  lcd.begin(16, 2);
  lcd.setCursor(0, 0);
  lcd.print("hello world");
}

void loop()
{

}
```

程序运行后效果如图7.8所示

图7.8　在液晶屏上显示 "hello world"

7.3.2　光标与滚动效果

在LiquidCrystal库中除了上面用到的基本方法之外，还有其他常用的方法，这里简单介绍一下，并通过这些方法实现光标的闪烁和字符的移动。

（1）clear()，该方法会清除液晶屏上的所有内容，同时将光标移动到液晶屏左上角的位置，方法无参数。

（2）cursor()，该方法用于在液晶屏上显示光标，方法无参数。

（3）noCursor()，该方法与cursor()方法相对，用于不在液晶屏上显示光标，方法无参数。

（4）blink()，该方法会让光标闪烁（如果显示光标的话），方法无参数。

（5）noBlink()，该方法与blink()方法相对，会让光标不闪烁，方法无参数。

（6）scrollDisplayLeft()，该方法会让液晶屏上的字符向左滚动，方法无参数。

（7）scrollDisplayRight()，该方法与scrollDisplayLeft()方法相对，会让液晶屏上的字符向右滚动，方法无参数。

基于以上方法我们实现一个逐个显示数字（就像在打字一样），并向右、向左滚动的例子。显示的内容选择0~9十个数字，显示数字的同时显示闪烁的光标，显示字符的时间间隔为200ms，对应代码如下：

```
#include <LiquidCrystal.h>

LiquidCrystal lcd(4, 6, 7, 8, 9, 10);

void setup() {
  lcd.begin(16, 2);
  lcd.cursor();                                //显示光标并闪烁
  lcd.blink();
}

void loop()
{
  lcd.clear();
  for(int i = 0;i <= 9;i++)
  {
    lcd.print(i);
    delay(500);
  }

  for(int i = 0;i < 6;i++)                      //字符向右滚动
  {
    lcd.scrollDisplayRight();
    delay(200);
  }
  for(int i = 0;i < 6;i++)                      //字符向左滚动
  {
    lcd.scrollDisplayLeft();
    delay(200);
  }
}
```

程序运行效果如图7.9和图7.10所示。

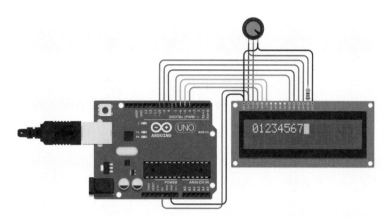

图7.9 显示字符的时候显示光标

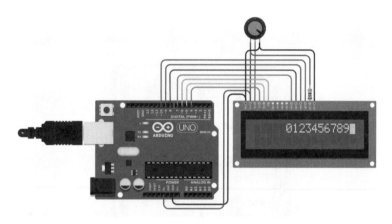

图7.10 让显示的字符向右滚动

第8章 4×4小键盘

前面的章节介绍比较多的都是输出设备，本章介绍一个巧妙的输入组件——4×4小键盘。这个小键盘上有16个按键，不过接口只有8个引脚，而且内部也没有专门的处理芯片（类似计算机键盘）。本章就来说明这个键盘具体是怎么使用的。

8.1 小键盘介绍

4×4小键盘的外形如图8.1所示。

图8.1 4×4小键盘

这是一种薄膜按键，背面有背胶，能粘到光滑的平面上。下方的引线也是柔性的。在很多仪器仪表上都能看到这种薄膜按键的身影，只不过按键的名称不同，图8.1所示小键盘的按键名称是第一行从左到右1、2、3、A，第二行从左到右4、5、6、B，第三行从左到右7、8、9、C，第四行从左到右*、0、#、D。

8.1.1 小键盘工作原理

4×4小键盘的内部原理图如图8.2所示。

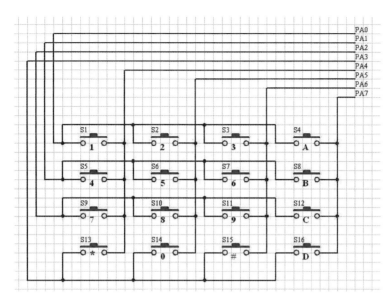

图8.2 4×4小键盘的内部原理图

通过原理图能够看到小键盘内部并不是把每个按键都单独引出来，而是通过一种矩阵的形式连接。这也就是小键盘只有8个引脚的原因。8个引脚分为两组，4个引脚对应行，4个引脚对应列。

使用这种键盘时，4个引脚要作为输入，另外4个引脚要作为输出，假设这里将图8.2中的PA0~PA3引脚作为输入，PA4~PA7引脚作为输出，则读取按键值的动态过程如下：

（1）在PA0输入一个低电平，PA1~PA3输入高电平，此时读取PA4~PA7的状态，如果PA4为低就说明按下了"1"键，如果PA5为低就说明按下了"2"键，如果PA6为低就说明按下了"3"键，如果PA7为低就说明按下了"A"键。

（2）在PA1输入一个低电平，PA0、PA2、PA3输入高电平，此时读取PA4~PA7的状态，如果PA4为低就说明按下了"4"键，如果PA5为低就说明按下了"5"键，如果PA6为低就说明按下了"6"键，如果PA7为低就说明按下了"B"键。

（3）在PA2输入一个低电平，PA0、PA1、PA3输入高电平，此时读取PA4~PA7的状态，如果PA4为低就说明按下了"7"键，如果PA5为低就说明按下了"8"键，如果PA6为低就说明按下了"9"键，如果PA7为低就说明按下了"C"键。

（4）在PA3输入一个低电平，PA0~PA2输入高电平，此时读取PA4~PA7的状态，如果PA4为低就说明按下了"*"键，如果PA5为低就说明按下了"0"键，如果PA6为低就说明按下了"#"键，如果PA7为低就说明按下了"D"键。

注意：这个过程是动态的，要不断地循环。另外要说明一点，使用这种键盘的缺点是无法一次识别多个按键，即不支持组合键。

> **说　明**
>
> 将PA0~PA3引脚作为输出，PA4~PA7引脚作为输入也是可以的。

8.1.2　小键盘引脚定义

图8.1中4×4小键盘引脚的定义从上到下、从左到右依次对应第一行、第二行、第三行、第四行、第一列、第二列、第三列和第四列。

8.1.3　小键盘的使用

下面我们通过实例来展示一下4×4小键盘的使用，实现的功能是通过串口监视器显示对应的按键名称，硬件连接如图8.3所示。

图8.3　连接4×4小键盘与Arduino

这里使用了Arduino的引脚4~引脚11，分别对应小键盘从右向左的8个引脚。

依照8.1.1节的过程描述，对应的代码如下：

```
void setup()
{
  Serial.begin(9600);
  for(int i = 4;i < 8;i++)
  {
    pinMode(i, INPUT_PULLUP);
  }
  for(int i = 8;i < 12;i++)
  {
    pinMode(i, OUTPUT);
    digitalWrite(i, HIGH);
  }
}

void loop()
{
  //扫描第一行
  digitalWrite(11, LOW);
  if(!digitalRead(7))
  {
    delay(50);
    if(!digitalRead(7))
      Serial.println("1");
  }

  if(!digitalRead(6))
  {
    delay(50);
    if(!digitalRead(6))
      Serial.println("2");
  }
  if(!digitalRead(5))
  {
    delay(50);
    if(!digitalRead(5))
      Serial.println("3");
  }
  if(!digitalRead(4))
```

```
{
  delay(50);
  if(!digitalRead(4))
    Serial.println("A");
}
digitalWrite(11, HIGH);

//扫描第二行
digitalWrite(10, LOW);
if(!digitalRead(7))
{
  delay(50);
  if(!digitalRead(7))
    Serial.println("4");
}

if(!digitalRead(6))
{
  delay(50);
  if(!digitalRead(6))
    Serial.println("5");
}
if(!digitalRead(5))
{
  delay(50);
  if(!digitalRead(5))
    Serial.println("6");
}
if(!digitalRead(4))
{
  delay(50);
  if(!digitalRead(4))
    Serial.println("B");
}
digitalWrite(10, HIGH);

//扫描第三行
digitalWrite(9, LOW);
if(!digitalRead(7))
{
  delay(50);
  if(!digitalRead(7))
    Serial.println("7");
```

```
    }

    if(!digitalRead(6))
    {
      delay(50);
      if(!digitalRead(6))
        Serial.println("8");
    }
    if(!digitalRead(5))
    {
      delay(50);
      if(!digitalRead(5))
        Serial.println("9");
    }
    if(!digitalRead(4))
    {
      delay(50);
      if(!digitalRead(4))
        Serial.println("C");
    }
    digitalWrite(9, HIGH);

    //扫描第四行
    digitalWrite(8, LOW);
    if(!digitalRead(7))
    {
      delay(50);
      if(!digitalRead(7))
        Serial.println("*");
    }

    if(!digitalRead(6))
    {
      delay(50);
      if(!digitalRead(6))
        Serial.println("0");
    }
    if(!digitalRead(5))
    {
      delay(50);
      if(!digitalRead(5))
        Serial.println("#");
    }
```

```
if(!digitalRead(4))
{
  delay(50);
  if(!digitalRead(4))
    Serial.println("D");
}
digitalWrite(8, HIGH);
}
```

通过程序能看出每一行扫描的操作都是一样的，另外这里在判断每个输入引脚的时候都加了50ms的延时消抖。程序运行效果如图8.4所示。

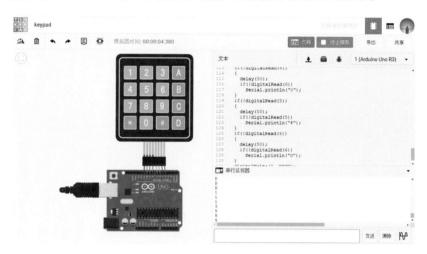

图8.4　运行扫描小键盘程序时的效果

由图8.4能够看出来，由于扫描的速度很快，所以有时候按了一个键之后会输出很多的按键名称，为此可以增加一个判断，只有按键不重复的时候才输出按键名称。对应代码如下：

```
int keyValue = 16;

int scan()
{
  for(int i = 8;i < 12;i++)                    //首先设置4个输出的引脚都为高
  {
    digitalWrite(i, HIGH);
  }
  //扫描第一行
  digitalWrite(11, LOW);
  if(!digitalRead(7))
  {
```

```
    delay(50);
    if(!digitalRead(7))
      return 1;
  }

  if(!digitalRead(6))
  {
    delay(50);
    if(!digitalRead(6))
      return 2;
  }
  if(!digitalRead(5))
  {
    delay(50);
    if(!digitalRead(5))
      return 3;
  }
  if(!digitalRead(4))
  {
    delay(50);
    if(!digitalRead(4))
      return 10;
  }
  digitalWrite(11, HIGH);

  //扫描第二行
  digitalWrite(10, LOW);
  if(!digitalRead(7))
  {
    delay(50);
    if(!digitalRead(7))
      return 4;
  }

  if(!digitalRead(6))
  {
    delay(50);
    if(!digitalRead(6))
      return 5;
  }
  if(!digitalRead(5))
  {
    delay(50);
```

```
  if(!digitalRead(5))
    return 6;
}
if(!digitalRead(4))
{
  delay(50);
  if(!digitalRead(4))
    return 11;
}
digitalWrite(10, HIGH);

//扫描第三行
digitalWrite(9, LOW);
if(!digitalRead(7))
{
  delay(50);
  if(!digitalRead(7))
    return 7;
}

if(!digitalRead(6))
{
  delay(50);
  if(!digitalRead(6))
    return 8;
}
if(!digitalRead(5))
{
  delay(50);
  if(!digitalRead(5))
    return 9;
}
if(!digitalRead(4))
{
  delay(50);
  if(!digitalRead(4))
    return 12;
}
digitalWrite(9, HIGH);

//扫描第四行
digitalWrite(8, LOW);
if(!digitalRead(7))
```

```
  {
    delay(50);
    if(!digitalRead(7))
      return 14;
  }

  if(!digitalRead(6))
  {
    delay(50);
    if(!digitalRead(6))
      return 0;
  }
  if(!digitalRead(5))
  {
    delay(50);
    if(!digitalRead(5))
      return 15;
  }
  if(!digitalRead(4))
  {
    delay(50);
    if(!digitalRead(4))
      return 13;
  }
  digitalWrite(8, HIGH);
  return 16;
}

void setup()
{
  Serial.begin(9600);
  for(int i - 4;i < 8;i++)
  {
    pinMode(i, INPUT_PULLUP);
  }
  for(int i = 8;i < 12;i++)
  {
    pinMode(i, OUTPUT);
    digitalWrite(i, HIGH);
  }
}

void loop()
```

```
{
  int tempK = scan();
  if(keyValue != tempK)
  {
    keyValue = tempK;
    Serial.println(keyValue);
  }
}
```

这段代码中我们将繁琐的按键扫描程序封装成了一个函数，函数名为 scan()，函数的返回值是一个0~16的值，其中0~9对应按键名称0~9，10~13 对应按键名称A~D，最后14对应按键名称*，15对应按键名称#，而16对应没有按键按下。

程序运行时效果如图8.5所示。

图8.5　调整后的扫描小键盘的程序

图8.5中能看到当按下一个按键的时候就会出现对应按键的值，松开按键的时候就会出现表示没有按键按下的数值16。这样的程序应该能够满足下一节项目的需求了。

8.2　加减法出题机

本节将利用4×4小键盘和上一章介绍的液晶显示屏制作一个"加减法出题机"。制作这个作品的初衷是在最近这段时间，我每天都会给孩子出10道加减

法的题目。每天出题有时候觉得很麻烦，我就想是不是可以做一个自动出题的机器，于是就有了这个"加减法出题机"。

8.2.1 功能描述

开始运行这个"机器"时，首先显示"press B to start"，当按下小键盘B键时会生成两个100以内的数以及一个"加"或者"减"的运算关系，同时在"减"的运算关系下，要把大的数放在前面。接着在液晶屏上显示对应的计算式并等待用户输入。当用户通过小键盘输入数字之后，按下小键盘上的A键，"机器"会判断答案的对错并显示结果（对或错）。答对10道题则屏幕显示"finish"，答错一道则答对题目的数量加一，即如果答错一道题，则需要答对十一道题才会显示"finish"（孩子肯定特别讨厌这个规则）。

8.2.2 硬件连接

项目的硬件连接如图8.6所示。

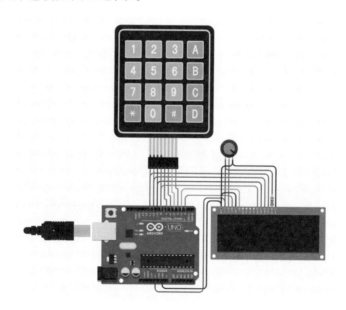

图8.6 "加减法出题机"硬件连接图

注意：这里复用了一些Arduino的引脚。由于控制液晶屏时，在引脚E上没有下降沿的时候，模块不会处理其他引脚的信号，所以这里将连接液晶模块D4~D7的引脚复用给了小键盘。

8.2.3　随机数

这个作品的程序大概分为三个部分。第一部分是出题并显示，第二部分是答题，第三部分是判断。

我们先来看第一部分。这个部分需要定义三个变量，两个变量用来保存用于加减法的数据，一个变量用来保存加减运算状态。这三个变量都是随机产生的，因此，需要使用随机数函数random()。这个函数有两个参数，分别是随机数范围的最大值和最小值。

假设变量命名为num1、num2和oper，则生成这三个数据的代码为

```
num1 = random(10, 100);
num2 = random(10, 100);
oper = random(0, 2);
```

对应显示的代码为

```
lcd.print(max(num1,num2));                          //首先显示大的数

if(oper)
  lcd.print("+");
else
  lcd.print("-");

lcd.print(min(num1,num2));                          //然后显示小的数
lcd.print("=");
```

8.2.4　功能实现

在程序的第二部分通过小键盘按下的数字会直接显示在液晶屏上，同时这个数值会记录在一个变量中，这里定义这个变量为userInput。在程序的第三部分会判断答题的对错，整个作品的代码如下：

```
#include <LiquidCrystal.h>
LiquidCrystal lcd(2, 3, 8, 9, 10, 11);  //rs = 2, e = 3, D4~D7 = 8~11

int keyValue = 16;                       //变量用于保存按键的值，初始值为16
int num1,num2,oper;
int state = 0;             //保存"出题机"的状态，0表示出题状态，1表示答题状态
int userInput;
```

```
int score = 0;                    //保存用户的得分，答对一道加10分，答错一道扣10分

int scan()
{
  //函数内容见8.1.3节
}

void setup()
{
  lcd.begin(16, 2);                              //初始化液晶屏
  lcd.setCursor(0, 0);                 //将光标移动到第一行第一个字符的位置
  lcd.print("score = ");                         //显示分数
  lcd.print(score);
  lcd.setCursor(0, 1);                           //将光标移动到第二行
  lcd.print("press B to start");     //显示"press B to start"

  randomSeed(analogRead(A1));       //设置随机数种子，否则可能每次的题目都一样

  for(int i = 4;i < 8;i++)
  {
    pinMode(i, INPUT_PULLUP);
  }
  for(int i = 8;i < 12;i++)
  {
    pinMode(i, OUTPUT);
    digitalWrite(i, HIGH);
  }
  lcd.cursor();                                  //设置显示光标
  lcd.blink();                                   //设置光标闪烁
}

void loop()
{
  int tempK = scan();                            //扫描键盘
  if(keyValue != tempK)                //当按键值不一样，则说明按键有变化
  {
    keyValue = tempK;

    if(keyValue == 11 && state == 0)   //当按下B键且当前为出题状态时
    {
      //开始出题
      num1 = random(10, 100);
      num2 = random(10, 100);
      oper = random(0, 2);
```

```
        lcd.clear();
        lcd.print("score = ");                             //显示分数
        lcd.print(score);

        lcd.setCursor(0, 1);
        lcd.print(max(num1,num2));

        if(oper)
          lcd.print("+");
        else
          lcd.print("-");

        lcd.print(min(num1,num2));
        lcd.print("=");

                          //出题完毕，将state状态改为1，表示进入答题状态
        state = 1;
        userInput = 0;                                  //用户的答案初始值为0
    }
    if(keyValue < 10 && state == 1) //当在答题状态下按下小键盘上的数字键时
    {
        lcd.print(keyValue);
        userInput = userInput*10 + keyValue;            //更新用户答案
    }

    if(keyValue == 10 && state == 1) //当在答题状态下按下A键时表示提交答案
    {
        if(oper)                                         //计算正确答案
          num1 = num1 + num2;
        else
          num1 = abs(num1 - num2);

        if(num1 == userInput)           //如果答案正确则分数加10，否则分数减10
          score = score+10;
        else
          score = score -10;

        if(score == 100)                          //如果分数达到100说明作业完成
        {
          lcd.setCursor(0, 0);
          lcd.clear();
          lcd.print("finish");
```

```
      state = 0;
    }
    Else                                              //如果分数未达到100则继续出题
    {
      num1 = random(10, 100);
      num2 = random(10, 100);
      oper = random(0, 2);
      lcd.clear();
      lcd.print("score = ");
      lcd.print(score);

      lcd.setCursor(0, 1);
      lcd.print(max(num1,num2));

      if(oper)
        lcd.print("+");
      else
        lcd.print("-");

      lcd.print(min(num1,num2));
      lcd.print("=");

      userInput = 0;                                  //用户的答案初始值为0
    }
  }
 }
}
```

程序运行后效果如图8.7和图8.8所示。

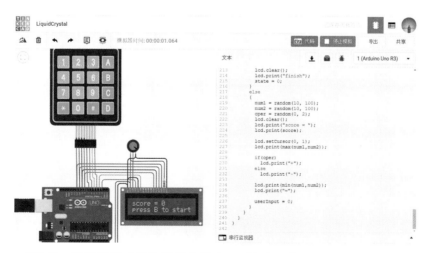

图8.7　运行程序时首先显示分数为0，同时显示"press B to start"

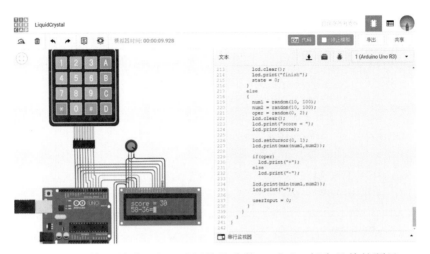

图8.8　回答问题时上方显示目前的分数，下面一行为目前的题目

至此，这个"加减法出题机"就算完成了，找小朋友来体验一下发现目前没有撤销功能，即发现按错了按键，在还没有提交答案的时候无法修改之前输入的内容。大家可以思考一下怎么完善这个作品的程序。

附录 555集成电路

为了展示Tinkercad细致的电路模拟功能，附录的内容本人准备介绍和编程无关的555集成电路典型应用。

附.1 555集成电路简介

当你了解了基本逻辑门、锁存器、触发器这些概念之后（如果不了解可以参考本人的逻辑电路入门图书《红石电子学》），555集成电路一定是你绕不过去的一个集成电路。555集成电路可以作为电路中的延时器件、触发器、起振元件、方波发生器、脉宽调制器等。该集成电路于1971年由西格尼蒂克公司推出，由于其易用性、低廉的价格和良好的可靠性，直至今日仍被广泛应用于电子电路的设计中。

不同制造商生产的555集成电路有不同的结构，标准的555集成电路集成有25个晶体管、2个二极管和15个电阻，并通过8个引脚引出，其直插封装的外形如附图.1所示。

附图.1　555集成电路的外形

NE555的工作温度范围为0~70℃，军用级SE555的工作温度范围为-55~+125℃。555集成电路的封装又分为高可靠性的金属封装（用T表示）和低成本的环氧树脂封装（用V表示），所以555集成电路的完整标号为NE555V、NE555T、SE555V和SE555T。

附.2　555集成电路引脚定义

555集成电路的引脚定义如附图.2所示。

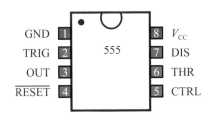

附图.2　555集成电路的引脚定义

图中的引脚说明见附表.1

附表.1　555集成电路的引脚说明

引　脚	名　称	功　能
1	GND（地）	电源地
2	TRIG（触发）	当此引脚电压降至$1/3V_{CC}$（或由控制端决定的阈值电压）时输出端给出高电平
3	OUT（输出）	输出高电平或低电平
4	$\overline{RESET}$（复位）	当此引脚接地时芯片复位，输出低电平
5	CTRL（控制）	控制芯片的阈值电压（当此引脚接空时默认两阈值电压为$1/3V_{CC}$与$2/3V_{CC}$）
6	THR（阈值）	当此引脚电压升至$2/3V_{CC}$（或由控制端决定的阈值电压）时输出端给出低电平
7	DIS（放电）	内接集电极开路，用于给电容放电
8	V_{CC}（电源）	电源

　　每个引脚具体的作用稍后会结合内部等效电路图进行介绍。555集成电路应用广泛的原因是因为其在电路结构上是由模拟电路和数字电路组合而成，将模拟功能与逻辑功能融为一体，拓宽了模拟集成电路的应用范围。

附.3　555集成电路工作原理

　　附图.3是555集成电路的内部等效电路图。其中包含了两个电压比较器、一个RS锁存器、一个集电极开路的放电三极管、一个非门、一个与非门和由三个5kΩ电阻组成的分压电路（555的名字由此而来）。

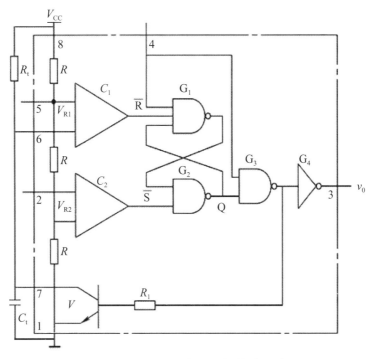

附图.3　555集成电路的内部等效电路图

由于内部三个电阻相等，所以集成电路的第5脚电压为$2/3V_{CC}$（电压V_{R1}），V_{R2}为$1/3V_{CC}$。集成电路第6脚为阈值输入端，第2脚为触发输入端。C_1和C_2的输出端分别送到RS锁存器的置位端S和复位端R，以控制3脚输出端的电平状态和放电三极管的导通与截止。

附图.3中添加了外部元件R_t和电容C_t，这与555集成电路组成了一个单稳态电路。在单稳态工作模式下，555集成电路作为单次触发脉冲发生器使用。当第2脚触发输入端的电压低于或等于$1/3V_{CC}$时，C_2输出高电平，锁存器置位，Q为高电平，经过一个与非门之后变为低电平，让放电三极管截止，C_t充电。Q的电压经过与非门之后再经过一个非门，则第3脚输出仍为高电平。

由于V_{R1}的电压是$2/3V_{CC}$，因此当第6脚的阈值输入端电压高于或等于$2/3V_{CC}$时，C_1输出高电平，锁存器复位，Q为低电平，经过一个与非门之后变为高电平，让放电三极管导通，C_t放电。Q的电压经过与非门之后再经过一个非门，则第3脚输出仍为低电平。

第6脚阈值输入端只对高电平（$\geq 2/3V_{CC}$）有效，对低电平不起作用。第2脚触发输入端只对低电平（$\leq 1/3V_{CC}$）有效，对高电平不起作用。因此，第2脚触发输入端低于$1/3V_{CC}$时，555的第3脚输出高电平，当第6脚阈值输入端的电压高于$2/3V_{CC}$且第2脚触发输入端电压高于$1/3V_{CC}$时，555的第3脚输出低电平。

另外，第4脚复位脚的功能是如果该脚为低电平（$\leqslant 0.4V$），不管第2脚和第6脚的状态为何，第3脚都输出低电平，通常第4脚接电源正。第5脚控制端的功能是通过外接分压电阻或稳压管来改变内部两个电压比较器的基准电压以扩大集成电路的应用范围，大部分电路都是在第5脚通过一个$0.01\mu F$的电容接地，以消除干扰。

> **说　明**
>
> 　　市面上还有一款名为556的芯片，实际上集成了两个555集成电路，共用一组电源。

附.4　延时小夜灯

基于附图.3中的电路可以实现一个延时小夜灯，即当我们按下开关之后，LED灯亮，并且延时一会儿之后关闭。

这个延时时间就是电容C_t的充电时间。对应的计算公式为

$$T = 1.1 \times R_t \times C_t$$

如果我们希望延时约1min，可以设定R_t为$250k\Omega$，C_t为$220\mu F$。对应所需要的组件清单如下：

- LED灯，1个（颜色随意）
- 330Ω电阻，1个
- 小型面包板，1块
- 555集成电路，1片
- $250k\Omega$电阻，1个
- $220\mu F$电容，1个
- $0.01\mu F$电容，1个

·按键开关，1个

·纽扣电池，2节

将这些组件放在项目操作区，如附图.4所示。

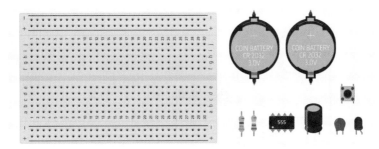

附图.4　选取相应的组件放在项目操作区

下面我们就来搭建这个电路，第一步放置电池和555集成电路，如附图.5所示。这里将电源正连接到面包板的上沿，电源地连接到面包板的下沿，同时将555集成电路的电源和GND都连接好。

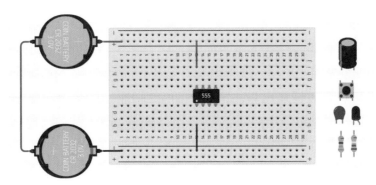

附图.5　连接电池和555集成电路

第二步连接R_t和C_t以及第5脚的电容，完成后如附图.6所示。

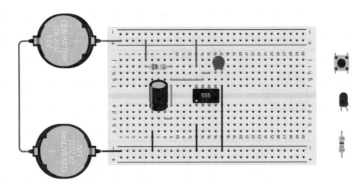

附图.6　连接R_t和C_t以及第5脚的电容

R_t和C_t是串联的，从附图.6中能看到电源一端连接到电阻，另一端连接到电容的正极，最后电容负极接地。而电阻和电容连接到555集成电路的第6脚和第7脚。

第三步在第2脚连接一个按键用于触发，如附图.7所示。

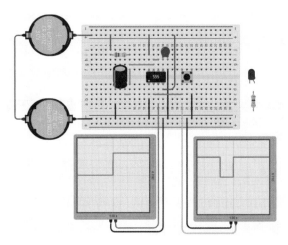

附图.7　在第2脚连接一个按键

555集成电路的第2脚通过按键接地，按下按键的时候就会让第2脚为低。附图.7中在第2脚触发端和第3脚输出端各接了一个示波器。开始模拟的时候能看到第2脚连接的示波器显示为高电平，而第3脚连接的示波器显示为低电平。按下按键的时候能看到第2脚产生一个低电平的脉冲，同时第3脚输出变为高电平。最后第3脚的高电平大约持续1min。这说明整个电路是正常工作的。

最后一步在555集成电路的第3脚连接用于发光的LED及其限流电阻，完成后如附图.8所示。

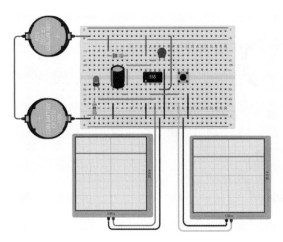

附图.8　完成的延时小夜灯

　　附图.8就处于延时的阶段，此时两个示波器显示都是高电平，而面包板上的LED是点亮的。

> **说　明**
>
> 　　延时电路还可以用作按键的消抖，通过电路消抖之后，程序中就可以不用通过延时来消抖了。

附.5　闪烁警告灯

　　如果用555集成电路来产生高低不断变化的信号，则添加的外部元件如附图.9所示。

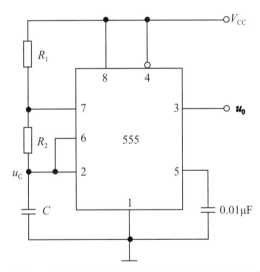

附图.9　用555集成电路来产生高低不断变化信号的典型电路

　　这个电路中，刚接通电源时，由于电容C还没充电，因此，555集成电路的第2脚为低电平，第3脚输出端为高电平。之后随着电源经过R_1和R_2对C充电，C两端电压逐渐升高，当第6脚电压达到$2/3V_{CC}$时，555集成电路的第3脚变为低电平，同时C通过R_2和555集成电路内部的放电三极管放电，当放电至电压低于$1/3V_{CC}$时，第3脚又变为高电平。这样在输出端就实现了高低不断变化的信号。

　　这个高低不断变化信号的闪烁频率为

$$f = 1.44/（R_1+2 \times R_2）\times C$$

如果希望制作一个闪烁频率是2Hz的警告灯，可以设定R_1为15kΩ，R_2为30kΩ，C为10μF。同时基于附图.9在输出端像延时小夜灯一样添加一个LED及限流电阻。对应所需要的组件清单如下：

· LED灯，1个（颜色随意）

· 330Ω电阻，1个

· 小型面包板，1块

· 555集成电路，1片

· 15kΩ电阻，1个

· 30kΩ电阻，1个

· 10μF电容，1个

· 0.01μF电容，1个

· 纽扣电池，2节

搭建电路的第一步还是像附图.5一样放置电池和555集成电路。之后就是连接R_1、R_2和C，以及显示用的LED，完成后如附图.10所示。

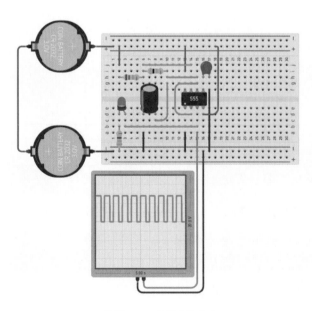

附图.10 闪烁警告灯

附图.10中示波器连接到555集成电路的输出端，模拟运行时就能看到输出的方波以及闪烁的LED。这里示波器每次分割时间设置为500ms。

说 明

在不改变（$R_1+2 \times R_2$）的情况下调整R_1和R_2的阻值能够改变输出方波的占空比。

附.6 光敏百灵鸟

在上面的电路中如果将输出显示的LED换成压电蜂鸣器，同时调整输出信号的频率，就能制作一个发声装置。比如希望输出脉冲的频率是1kHz，则可以设定R_1为30kΩ，R_2为60kΩ，C为10nF。调整后如附图.11所示。

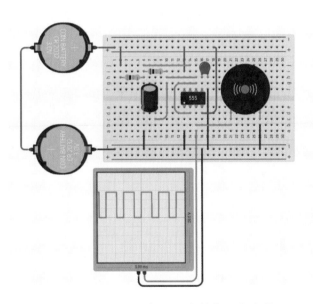

附图.11　利用555集成电路制作的发声装置

附图.11中电阻的变化通过色环能够体现出来，不过电容的变化是体现不出来的。这里示波器每次分割时间设置为500μs。如果进一步将R_2换成一个光敏电阻，就能制作一个发声频率随光线变化而变化的"光敏百灵鸟"。硬件调整后如附图.12所示。

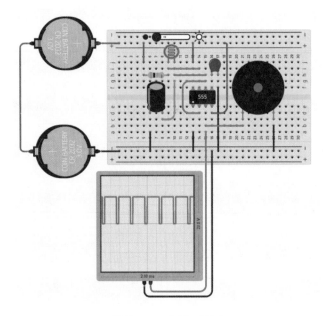

附图.12　光敏百灵鸟

　　模拟运行时，点击光敏电阻，就会在组件上方出现一个调节光照强度的滑动条（见附图.12），滑动条左侧表示"暗"，右侧表示"亮"。滑动滑动条的时候能听到变化的鸣叫声。如果将这个"光敏百灵鸟"放在一个显示器前面，那么它也会随着显示图像的变化而发出不同的声音。

　　如果将这个电路的 R_2 换成由多个电阻组成的分压电路，那么配合按键使用，还能做成一个电子琴。